烏龜

快樂飼養法

富沢直人◎著　霍野晋吉◎監修
彭春美◎譯

漢欣文化事業有限公司
Han Shin Cultural Enterprise Co., Ltd.

有烏龜的日子

Welcome to Turtle Life!

可以賞玩烏龜行走水邊的造景！

在岩石上休息的日本石龜。

在植物間探險！

重現自然的溪流

使用苔蘚和岩石呈現河邊的水流

將水中過濾器設置在植物和岩石的後側。

造景配置圖

資料

- ●60cm×45cm×45cm　玻璃水族箱
- ●小型水中過濾器（右後側・排水管延長至右前方）
- ●沉水泵（中央後側・水從上部的水管流出來）
- ●砂礫
- ●岩石（有稜角的相同材質岩石數塊）

植物：白髮蘚、水苔、伏石蕨、瓦葦、日本紫珠等。

烏龜：日本石龜

※視需要設置紫外線燈或是熱區用燈。

Point

- ●水族箱內的岩石堆成階梯狀。
- ●岩石間填塞水苔，種植蕨類，覆蓋白髮蘚。
- ●在設置上，中央部分較低，使用沉水泵讓水從岩石間流下。

日本石龜之卷

日本石龜棲息在
河川水邊或田間等，
喜歡有石頭或岩塊的地方。

我喜歡岩間有水流的地方…
啊～真讓人平靜～

這附近一整片都是葉子…已經走好遠了，
看到的都是不同的世界哪～

石龜還沒有發現這全部都只是
水族箱中的世界。

用磚塊或石塊隔間，擺設大量植物的造景。

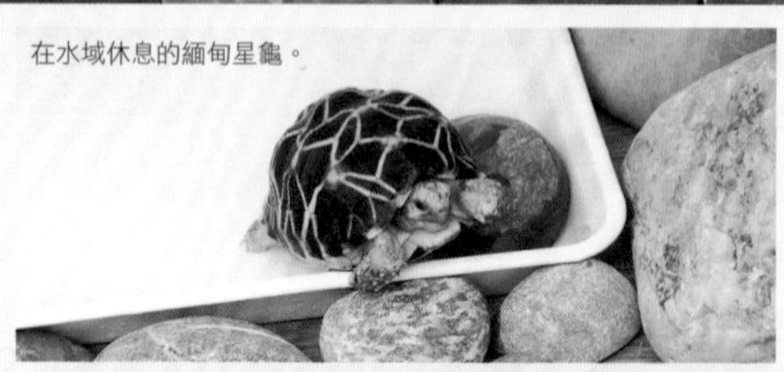

在水域休息的緬甸星龜。

配置綠色植物呈現熱帶風格！

將房間的一個角落設置成叢林空間

Point

- 周圍用磚塊圍起來，配置許多觀葉植物。
- 使用大量同種類或同系統的植物，呈現出統一感。
- 地板鋪上塑膠布，方便清掃。
- 水域設置石頭等，以便烏龜出入。

有個小屋會讓烏龜感覺安穩。

放置石頭等，進出水域比較容易。

造景配置圖

資料

- 3cm×1m（地板鋪的是塑膠地墊）
- 熱區用燈（設置支柱）
- 水浴盤
- 小屋　●石頭　●磚塊

植物：蕨類（同色調的蕨類數種）、火鶴花、五彩芋、白鶴芋等。

烏龜：緬甸星龜

※視需要設置紫外線燈或是加熱保溫墊。

緬甸星龜之卷

緬甸星龜棲息在
熱帶雨林的森林等處。

冬天使用加熱保溫墊，
以完善的空調設備來管理室溫。

有烏龜的日子 Welcome to Turtle Life !

使用金魚缸或睡蓮盆營造日式風味的造景。

因為是幼龜，所以水要淺一些。

Point

- 必須經常換水。先將烏龜和水苔等移到洗臉盆中，就能輕鬆清洗容器和砂礫了。
- 長大後就要移動到寬敞的飼養容器裡。

造景配置圖

資料

- 水盆 · 砂礫

植物：水苔（中央是槭樹）

烏龜：金龜（幼龜）

※定期做日光浴，冬天時要使用加熱保溫墊等。

使用和風容器來飼養幼龜

幼龜限定！
在有限的空間也 OK！

使用玻璃容器和石子的簡單造景。

飼養 2 隻密西西比紅耳龜的幼龜。

造景配置圖

資料

●玻璃盆・石子
烏龜：密西西比紅耳龜（幼龜）
※定期做日光浴，冬天時要使用加熱保溫墊等。

金龜 幼龜之卷

金龜廣泛棲息在水池、沼澤或小河等。

有時還會只露出鼻尖地睡覺喲……

有烏龜的日子 Welcome to Turtle Life！

用5個飼養容器和棚架的簡潔配置。

整體略圖

資料

歐洲陸龜【左上】

●60cm×36cm×30cm　水族箱
●熱區用燈
●小屋
●水盤

中華鱉（左）＋四趾陸龜（右）【左下】

●45cm×30cm 收納盒×2（縱向放置）
●60cm 水族箱用螢光燈（設置紫外線燈）

日本石龜【中央】

●60cm×45cm×45cm　水族箱
●熱區用燈

刀背麝香龜【右上】

●60cm×36cm×30cm　水族箱
●熱區用燈

配合飼料＆營養品類【右下】

簡單收納數個飼養組

將不同大小的飼養容器
以組裝式棚架進行整理

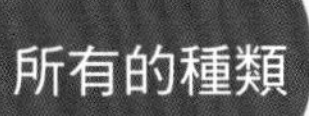

左邊是中華鱉，右邊是四趾陸龜。

活用空間的配置，悠閒地鑑賞。

配合飼料等可收納於一處。

Point

- 使用高度和尺寸可以自由組裝的棚架組。
- 飼料和營養品統一收在木盒或托盤中。
- 收納盒等皆使用相同種類，外觀整潔。

烏龜的快樂飼養法 contents

part 4 餵食和每天的照顧 81

part 5 休眠＆繁殖和健康管理 103

part 6 世界的烏龜圖鑑 125

※本書的情報和飼養用具為2012年12月現時的資料。可能會發生飼養用具絕版不再販售的情形，敬請見諒。

part
1

決定想要飼養的烏龜

烏龜的種類大約有300種！
不僅有各種不同的姿態和形狀，
飼養環境和所吃的食餌也是各式各樣。
先來想想從眾多的烏龜當中，
想要飼養什麼樣的烏龜吧！

烏龜的簡介

龜甲真是漂亮！烏龜是什麼樣的生物？

烏龜自古以來就是和人類關係密切的動物。經常出現在民間故事中，或是在祝賀的場面時和鶴一起上場。在此要為你介紹魅力十足的烏龜的歷史以及特徵。

北部黑瘤地圖龜的幼體。

烏龜的歷史和進化

以龜甲為特徵的烏龜是從恐龍時代殘存至今的

烏龜和蜥蜴、蛇同為爬蟲類三大家之一。其中最受人喜愛的烏龜，是以慢吞吞的動作、可愛的眼睛，以及覆蓋身體的龜甲為其特徵。

在凡事皆以速度為重的現代社會中，給人緩慢印象的烏龜，或許可以說是撫慰人心、療癒效果超群的角色吧！

烏龜的歷史

烏龜大約是在2億2000萬年前出現在地球上的，和恐龍時代重疊。那時候的烏龜並沒有現代烏龜身上的龜甲，口中則有牙齒；要等到再過1000萬年後，才會像現在的烏龜一樣出現龜甲。

之後，恐龍無法跟上環境的變化，大約在6500萬年前滅絕了。不過，烏龜的外貌並沒有太大的改變，一直殘存到現在；或許這和烏龜擁有了龜甲也有關係。

烏龜的生活型態

烏龜的生活型態會依棲息環境而異

烏龜的同類廣泛分布於世界上的溫帶到熱帶地區。從大河川或小池沼、乾燥的沙漠地帶到熱帶草原地帶、草原、森林、熱帶叢林，甚至到海洋，有各種不同的棲息環境。因此，烏龜的生活型態也會依棲息地和種類而各有不同。

在水邊生活的金龜或紅耳龜等，主要是在水中生活，吃水生昆蟲或甲殼類、水草等，白天最喜歡到陸地上做日光浴。

而豬鼻龜或海龜等，則是除了產卵時期之外，都在水中生活的種類。為了方便游泳，手腳都已變化成船槳狀，以吃食魚類或水母等來生活。

另外，棲息在沙漠或熱帶草原的種類，為了躲避強烈的日照和乾燥，白天都隱身在洞穴中或是岩石隙間等，到了夜晚才出來活動，以吃草或是仙人掌等維生。

▲熟知想養的烏龜的棲息環境是很重要的。照片為歐洲陸龜。

想要健康地飼養烏龜，就要盡可能重現吻合烏龜生活的環境，這就是要和烏龜長久共處最重要的要點。

烏龜的生活

在水池或河川等水邊生活

金龜、紅耳龜、石龜、動胸龜等

在水池或河川等水中生活

豬鼻龜、中華鱉、楓葉龜、鱷龜等

在森林等潮濕場所生活

食蛇龜、黃額閉殼龜、紅腿象龜、黃頭象龜等

在沙漠或熱帶草原生活

豹紋陸龜、蘇卡達象龜、四趾陸龜、歐洲陸龜等

在海中生活

赤蠵龜、綠蠵龜等

烏龜的分類

烏龜的種類約有300種！會有什麼樣的烏龜呢？

烏龜的種類大約有300種。
有外貌獨具個性的烏龜，
也有動作可愛得不得了的烏龜，
外觀和習性是形形色色。
先來了解牠們的大致分類吧！

密西西比紅耳龜的成體（雄龜）。

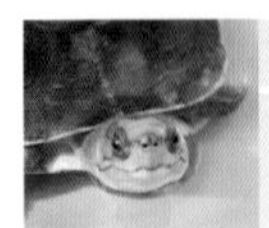

烏龜的分類和種類

你喜歡什麼樣的烏龜？來了解烏龜的種類

關於烏龜的種類，學者之間有各種不同的說法，不過一般認為約有300種。

烏龜在學術上，是屬於動物界脊椎動物門爬蟲綱龜鱉目的動物。之後再分成曲頸龜亞目（或稱潛頸龜亞目）和側頸龜亞目兩個族群，然後是總科、科、亞科、屬，最後才分為種。

此外，也有因為地域所導致的差異等，而被分為亞種的烏龜。詳細整理如右頁的表格，敬請參考。

只要讓烏龜縮進脖子，就可一目瞭然牠是屬於曲頸龜亞目還是側頸龜亞目了。

找出適合自己的烏龜

雖然全都稱為烏龜，但其實有著各種不同的族群、形形色色的種類。由於大約有300種，所以姿態、色彩、花紋，甚至是個性、行動上也都各有不同。

先了解有什麼樣的烏龜，再來決定自己喜歡的烏龜、想要飼養的烏龜吧！

側頸龜亞目和曲頸龜亞目的縮頸方式

烏龜縮回頸部的方式大致分成 2 種。
頸部筆直縮進的族群屬於**曲頸龜亞目**。
頸部側彎縮進的族群屬於**側頸龜亞目**。

曲頸龜亞目的縮頸方式

側頸龜亞目的縮頸方式

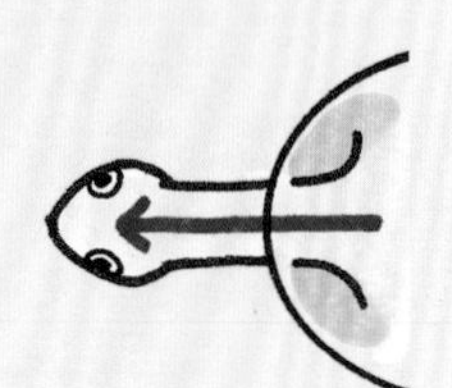

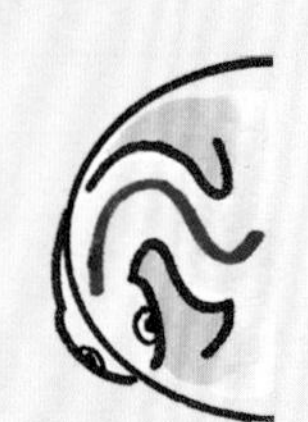

烏龜的分類體系

曲頸龜亞目

海龜總科

海龜科 海龜屬（1種） 蠵龜屬（1種） 玳瑁屬（1種） 麗龜屬（2種） 平背龜屬（1種）
棱皮龜科 棱皮龜屬（1種）

鱷龜總科

鱷龜科 擬鱷龜屬（1種〈也有一說為4種〉） 大鱷龜屬（1種）

動胸龜總科

泥龜科 泥龜屬（1種）
動胸龜科
動胸龜亞科 動胸龜屬（17種） 小麝香龜屬（4種）
麝香龜亞科 麝香龜屬（2種） 匣龜屬（1種）

陸龜總科

地龜科 木紋龜屬（9種） 石龜屬（6種） 黑龜屬（2種） 東方龜屬（4種）
鹹水龜屬（1種） 草龜屬（1種） 烏龜屬（2種） 蔗林龜屬（1種）
鋸背龜屬（4種） 白頭龜屬（1種） 棱背龜屬（3種） 食螺龜屬（2種）
眼斑龜屬（2種） 閉殼龜屬（10種） 潮龜屬（1種） 花龜屬（1種）
池龜屬（1種） 粗頸龜屬（2種） 巨龜屬（1種） 攝龜屬（7種）
果龜屬（1種） 孔雀龜屬（2種） 地龜屬（2種）
澤龜科
雞龜亞科 彩龜屬〈滑龜屬〉（15種） 雞龜屬（1種） 鑽紋龜屬（1種）
偽龜屬（7種） 地圖龜屬（13種） 錦龜屬（1種）
澤龜亞科 箱龜屬（4種） 水龜屬（1種） 石斑龜屬（1種）
擬龜屬（1種） 木雕龜屬（2種） 澤龜屬（2種）
平胸龜科 平胸龜屬（1種）
陸龜科
地鼠龜亞科 穴龜屬（4種） 凹甲陸龜屬（2種）
陸龜亞科 亞達伯拉象龜屬（3種） 印支陸龜屬（3種） 蛛網龜屬（2種） 摺背陸龜屬（6種）
挺胸龜屬（1種） 陸龜屬（3種） 南美陸龜屬（4種） 扁陸龜屬（1種） 豹龜屬（1種） 珍龜屬（5種）
赫曼陸龜屬（1種） 馬島陸龜屬（2種） 沙龜屬（3種） 四趾陸龜屬（1種） 象龜屬（3種）

鱉總科

鱉科
鱉亞科 滑鱉屬（3種） 山瑞鱉屬（1種） 軟鱉屬（1種） 盾鱉屬（4種）
小頭鱉屬（3種） 中華鱉屬（1種） 鱉屬（1種） 斑鱉屬（2種）
紋鱉屬（1種） 鼋屬（3種） 麗鱉屬（1種）
盤鱉亞科 盤鱉屬（2種） 緣板鱉屬（2種） 圓鱉屬（2種）
兩爪鱉科 兩爪鱉屬（1種）

側頸龜亞目

蛇頸龜科 大長頸龜屬（6種） 蟾頭龜屬（13種） 隱龜屬（1種）
擬澳龜屬（1種） 刺頸龜屬（4種） 小長頸龜屬（10種） 漁龜屬（2種）
溪龜屬（1種） 扁龜屬（1種） 澳龜屬（4種） 蛇頸龜屬（1種）
齒緣癩頸龜屬（6種） 寬胸癩頸龜屬（4種）
側頸龜科
非洲側頸龜亞科 非洲側頸龜屬（18種） 沼澤側頸龜屬（1種）
南美側頸龜亞科 盾頭龜屬（1種） 南美側頸龜屬（6種） 馬達加斯加大頭側頸龜屬（1種）

※此分類體系為2012年11月時的資料。

身體的構造

龜甲、喙、蛻皮……烏龜的身體構造為何呢？

被堅硬龜甲所覆蓋的烏龜。
牠的身體構造究竟為何呢？
想要選擇健康的烏龜一起生活，
了解牠的身體構造也是很重要的。

閉殼龜的同類可以像箱子般活動龜甲。（馬來閉殼龜）

身體的構造

被龜甲所覆蓋的身體和身體各部位的構造為何呢？

說說到烏龜和與牠們同屬爬蟲類的蜥蜴或蛇等最大的不同，就是龜甲了。烏龜會從龜甲中伸出頭、手腳和尾巴來行動；萬一遭到外敵攻擊，就會將頭和手腳縮進龜甲中，保護身體。

烏龜的身體幾乎全被硬殼覆蓋著，但也有像鱉等龜甲不堅硬的種類。此外，海龜或豬鼻龜等部分種類，也無法將頭部或手腳縮入龜甲中。

除了龜甲之外，烏龜還有各種不同的特徵，接著就來介紹烏龜身體的各部位吧！

龜甲

龜甲以背側和腹側來區分，稱為背甲與腹甲。龜甲主要是由與肋骨和脊椎癒合而成的骨板層，以及在外側稱為角質盾板的板狀鱗所形成。不過，中華鱉等在水中生活的部分龜類並沒有角質盾板。

此外，烏龜中也有些種類，其龜甲的部分形成合葉，可以彎曲龜甲。摺背龜的同類在背甲上、而食蛇龜等閉殼龜的同類則是在腹甲上有合葉，可以彎曲龜甲。一般認為，彎曲龜甲後，因為可以將整個身體完全收納在龜甲中，所以有防禦外敵和乾燥，或是產下更大顆的卵等優點。

◆**骨骼和龜甲**（骨板層和角質盾板）

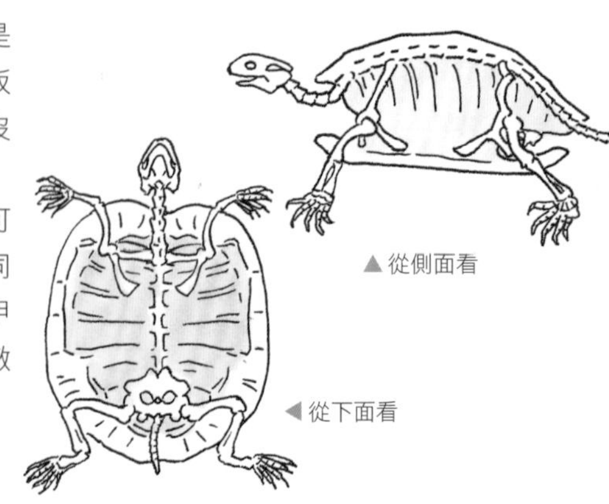

◆背甲

◆腹甲

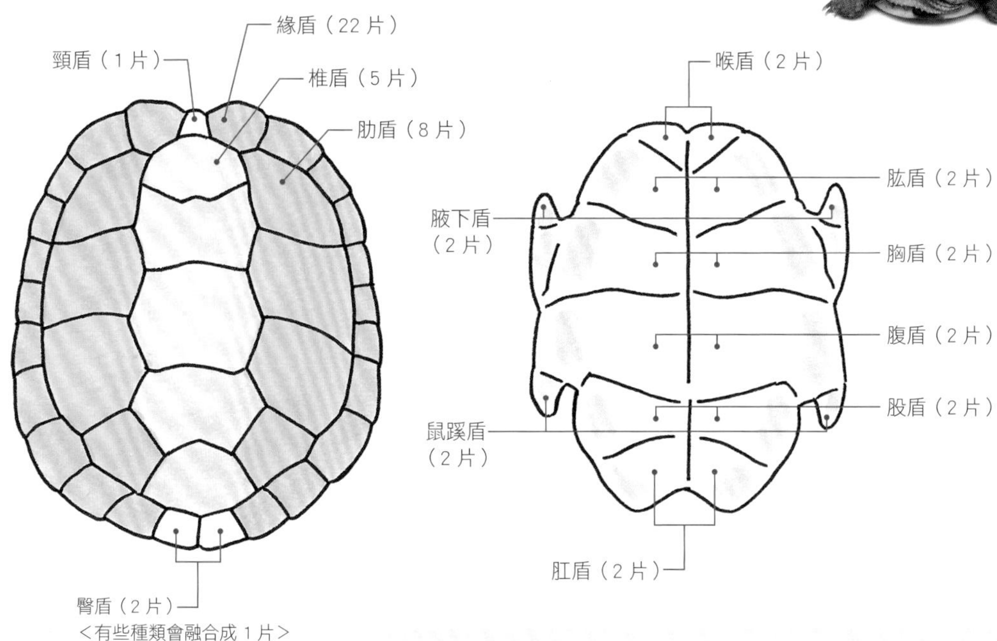

◆骨橋（從側面看）

有合葉的烏龜龜甲

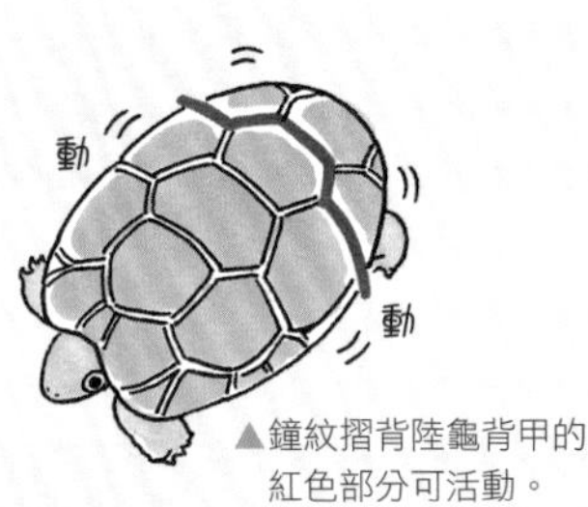

▲鐘紋摺背陸龜背甲的紅色部分可活動。

▲斑紋動胸龜腹甲前後2個地方都有合葉。

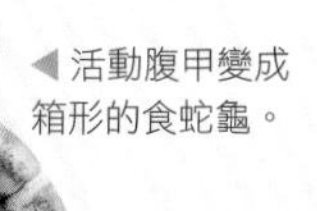

◀活動腹甲變成箱形的食蛇龜。

▶金頭閉殼龜

眼睛・耳朵・喙

眼睛

實驗的結果，認為烏龜的眼睛是能夠辨別顏色的。眼睛有眼皮，睡覺的時候會閉上眼皮。

耳朵

有些種類的耳朵被皮膜所覆蓋，從外觀上看不出來，其實就位在眼睛的後方。

鼻子

鼻子位在頭部的前端，可以嗅聞分辨食物的氣味和異性釋出的費洛蒙。

喙

已經滅絕的化石種雖然有牙齒，不過現在的烏龜並沒有牙齒，顎部被由角質構成的喙所覆蓋。喙的形狀依烏龜的食性而異。植物食性強的種類，喙的邊緣呈鋸齒狀；肉食性強的種類為了方便咬斷肉，會形成薄薄的剃刀狀；而需要咬碎貝類等堅固物來吃的種類，則有肉厚又強壯的喙。

手腳・爪子

陸棲傾向強的種類，手腳趾頭較短，鉤爪發達；反之，水棲種的特徵則是趾頭較長，趾間有蹼，容易在水中活動。

此外，海龜同類和豬鼻龜因為除了產卵以外都在水中生活的關係，所以手腳形成了船槳狀，以利於游泳。爪子通常使用在壓住食物，或是要爬上斜面、挖掘洞穴時。趾數基本上是前腳5支、後腳4支，不過會依種類而異。

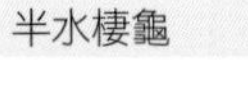

半水棲龜

陸棲龜

海龜

▲雄紅耳龜（照片）的爪子長，會活動爪子或敲響聲音來吸引雌龜。

▲水棲種或半水棲種的烏龜，趾間有蹼。（條紋動胸龜）

Check!

烏龜是變溫動物

▲金龜在低溫時會冬眠。

我們人類是恆溫動物，所以不受周圍溫度的影響，能將自己的體溫大致保持在一定。不過烏龜是變溫動物，所以無法自己調節體溫，當周圍的溫度上升，體溫就會上升；若是溫度下降，體溫也會跟著下降。體溫一旦下降，就會變得不吃東西，不太活動。

野生的烏龜，有些種類在冬天低溫時會冬眠，夏天高溫時則會夏眠。

Check!

烏龜的鱗片

陸棲傾向強的烏龜，因為必須預防乾燥的關係，所以頭部和手腳會覆蓋著硬鱗。不過，水棲傾向強的種類，鱗片就不太發達了。

◀陸龜的手腳上有發達的鱗片。（紅腿象龜）

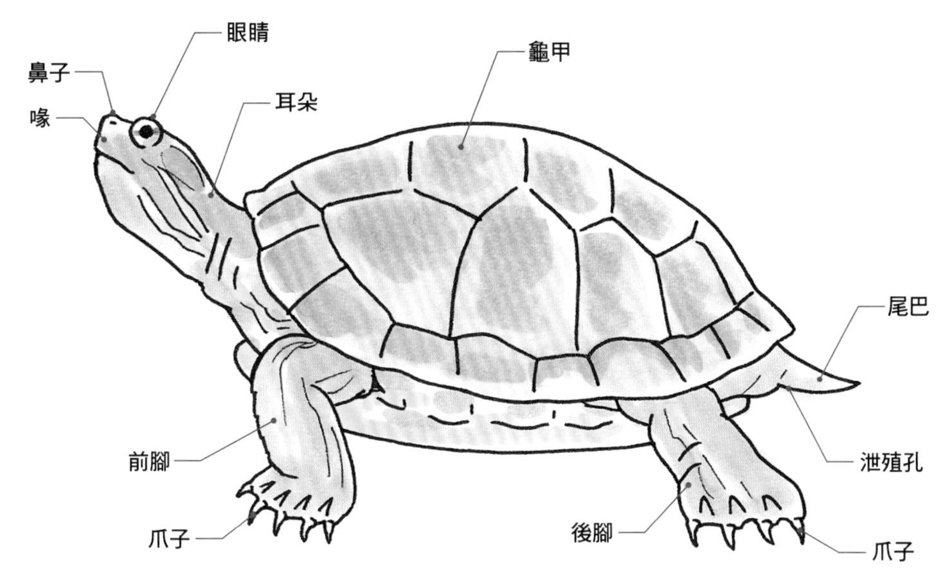

尾巴・泄殖孔

烏龜的尾巴，雄性比雌性的長且粗。尾根部分有個稱為泄殖孔的地方，會從該處進行排泄。

陸棲種大多在陸上排泄，而水棲種主要則是在水中排泄，因此容易污染飼養水，必須經常換水才行。

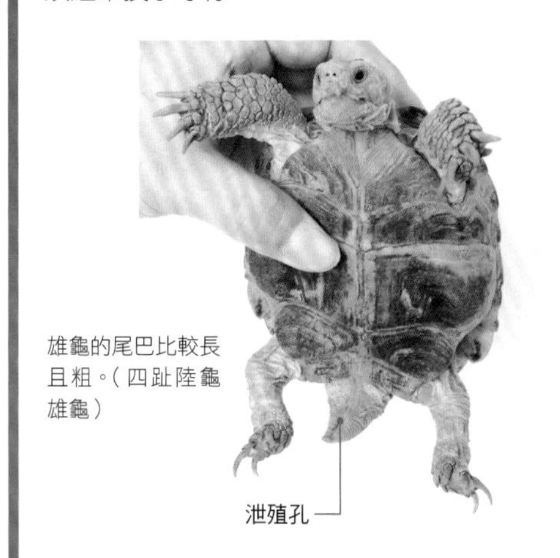

雄龜的尾巴比較長且粗。（四趾陸龜雄龜）

Check!

烏龜會蛻皮？

我們都知道蜥蜴和蛇等爬蟲類是會蛻皮的動物，而同為爬蟲類的烏龜也會蛻皮嗎？和蜥蜴或蛇相較之下，烏龜的舊角質層很難一次就剝落，所以不會進行彷彿將全身的皮都脫掉一層般的蛻皮，而是一點一點地進行蛻皮。

例如，龜甲是以一次剝落一片盾板（P19）的方式來進行蛻皮，不過蛻皮的週期和剝落方式則依個體和環境等而各有不同。手腳和頭部等的皮膚與鱗片也會蛻皮，可能是部分性的剝落，或是一點一點地剝落等，有許多蛻皮的方式。尤其是水棲種和半水棲種，大多是用泡水的方式來讓皮剝落的。

要讓水棲種和半水棲種健全地蛻皮，水深最好要讓整個龜甲都能完全浸泡在水中，以免龜甲過度乾燥。此外，手腳或頸部等如果殘留蛻皮皮屑時，建議使用浸過溫水的毛巾等輕輕地擦拭掉，並且避免拉扯正開始要剝落的龜甲或是皮膚等不當剝除的行為。

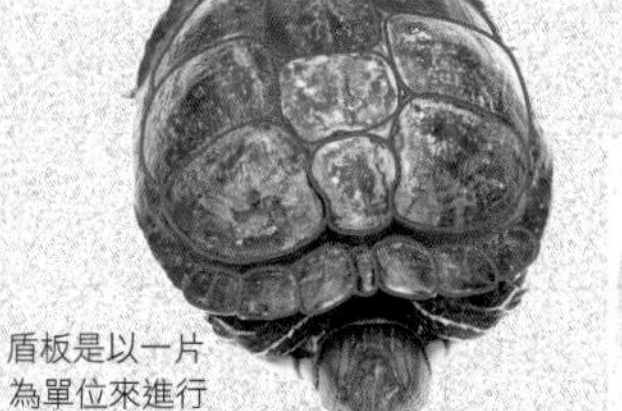

▶盾板是以一片為單位來進行蛻皮的。

▲紅耳龜蛻下來的3片盾板。

游泳、躲藏、挖掘……來了解烏龜的行為

被陸龜走路的姿態吸引的人也不少。（四趾陸龜）

了解烏龜的行為是飼養上的重點。
或是輕快地在水裡游動，
或是一動也不動地做日光浴。
在此要介紹烏龜的行為和習性。

了解行為和習性

行為依種類而異！烏龜的活動和習性是？

烏龜不管在水中游泳，或是慢吞吞地走著，光是看著牠們的動作，就覺得好可愛。除此之外，烏龜還有吃、睡、做日光浴、攀爬、挖洞、隱藏等各種行為。

另外，烏龜的行為也並非全都相同，大多會依族群和種類而異，所以每種烏龜適合的飼養方法也不盡相同。

想要為飼養的烏龜準備最適合的環境，充分了解烏龜的行為是很重要的。

步行

就如同龜兔賽跑這個童話中所呈現的，說到烏龜，給人的印象就是慢慢走的生物。的確，擁有堅固沉重龜甲的完全陸棲種烏龜們，因為動作緩慢，很符合童話中烏龜的形象。

但是，生活在水邊的大多數烏龜，動作其實是很靈敏的。尤其是沒有覆蓋堅硬龜甲的鱉類，甚至能以從外表想像不出的飛快速度行走而聞名。另外像是紅耳龜等半水棲種，在陸上也能快速地走動。

相反地，步行起來最笨拙的，就屬最適應水中生活的海龜同類和豬鼻龜了。

▲半水棲烏龜有很多種類即使爬上陸地也能快速行走。（金龜）

游泳

大多數的完全陸棲種或陸棲種，平常幾乎不會進入水中，所以不擅長游泳。

與其相比，棲息在水邊的半水棲種算是善於游泳，能夠自由自在地悠游於水中。

而水棲種的烏龜們就非常擅長游泳了。像是海龜之類可以用相當快的速度游泳。

挖掘・潛入洞穴

出人意料地，烏龜很擅長挖洞。尤其是棲息在乾燥場所的完全陸棲種烏龜，為了躲避白天的炎熱和乾燥，有些種類會挖掘相當深的洞穴。

將完全陸棲種的烏龜在屋外圍起柵欄飼養時，在春天到秋天這段期間，經常會發生烏龜在柵欄下方挖洞逃走的情形。因此，飼養在屋外時，至少要將水泥磚等埋至地下約40cm處，以免烏龜脫逃。

即使是生活在水中的水棲種，鱉類也是很擅長潛入泥沙中的。這樣不但可以隱藏起來躲避敵人，也能讓做為獵物的魚類或甲殼類失去警戒，更容易捕捉到食物。在飼養鱉類時，放入分量足夠隱藏身體的細沙，有助於讓牠穩定下來。

▲從自己挖好的洞中爬出來的蘇卡達象龜。洞穴相當深，深達 1m 以上。

做日光浴

在水池邊經常可以看到烏龜曬龜甲的樣子。看牠們悠哉做日光浴的樣子，非常可愛。烏龜是會依周圍溫度改變體溫的變溫動物，因此，在氣溫較低的早晨或是從水溫較低的水中爬出來之後，就會做日光浴來溫暖身體。

另外，要在體內合成吸收鈣質所需的維生素，日光浴也是不可缺少的。

飼養烏龜，準備能夠讓牠做日光浴的飼養環境是極為重要的（P44～47）。為了防止乾燥或是體溫過高，必須建造烏龜能夠自由移動的空間。除此之外，建造可以遮陰的小屋和水浴場也非常重要。

無法讓牠做日光浴時，不妨使用可釋出紫外線的爬蟲類專用燈，為牠在飼養容器中建造熱區（P46）吧！

◀在石頭上做日光浴的紅耳龜們。

進食

從草食性到肉食性，烏龜所吃的東西依種類而各有不同。大多數的烏龜是雜食性，也可以餵食配合飼料。

健康的烏龜食慾旺盛。雖然沒有牙齒，卻能用喙順利地進食。

有不少種類的烏龜在尚未習慣新的飼養環境之前是不太進食的。因此在購入後，注意不要過度觸摸，在牠願意進食之前，為牠建造安心的環境吧！

▶陸龜中以青菜或水果做為主食的種類佔了多數。（蘇卡達象龜）

睡覺・冬眠

烏龜睡覺的場所依種類而異。

水棲種或半水棲種的烏龜，在水中睡覺的種類佔了多數；而陸棲種的烏龜會潛藏在落葉或苔蘚裡，完全陸棲種的烏龜則會在洞穴中或石縫間、岩石下等處睡覺。

飼養時，要準備可以躲藏的小屋，讓烏龜能安穩地睡覺，或是厚厚地鋪上一層枯葉或水苔，為牠準備可以鑽入裡面的環境。

此外，在冬天溫度會降低的地方棲息的烏龜，一到了冬天就會冬眠。有些種類會鑽進落葉或土中冬眠，有些種類則是在水中冬眠。

就算飼養的是會冬眠的烏龜，也可以在冬天時進行保溫的加溫飼養，讓牠不要進行冬眠。

如果要讓牠冬眠的話，在冬眠前和冬眠中都要充分確認烏龜的身體狀況。一旦出現身體異常時，請立刻中止冬眠，改成加溫飼養。

▲進入小屋的紅腿象龜。

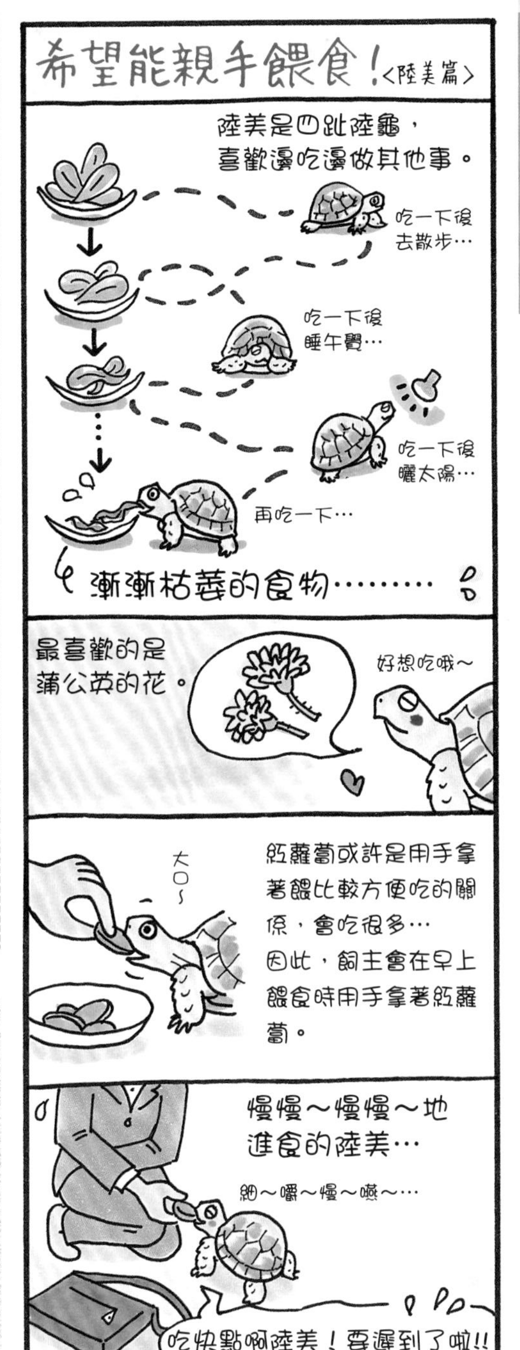

Check!

注意脫逃！擅長攀爬的烏龜

中國大頭龜等棲息在清澈的小河或溪水流域的種類，很擅長攀爬岩石。尤其是大頭龜，很難從牠矮胖的姿態想像，不管是多麼陡峭的斜面，牠都能輕鬆地攀爬上去。

飼養擅長攀爬的烏龜時，須使用高度足夠的容器，或是蓋子可牢牢固定的容器來飼養。如果不這樣做，烏龜將會輕易脫逃，必須注意。

▶擅長攀岩的大頭龜。

準備挑選烏龜！

了解飼養環境後 選擇適合的烏龜吧！

了解烏龜的種類和行為後，
總算要來挑選烏龜了。
外觀、行動模式、
飼養難易度、照顧難易度等，
有好幾個重點都要注意。

水棲烏龜和半水棲烏龜必須換水照顧。（星點龜）

外觀和行為等

選擇烏龜時外表也很重要！請負責任地飼養吧！

挑選烏龜時的最大重點，應該就是自己喜歡什麼樣的烏龜吧！

就像會對烏龜的相貌、龜甲的形狀、游泳或走路的姿勢、做日光浴的模樣、吃東西的模樣等覺得「好可愛！」、「好帥氣！」、「真想一直看著牠！」一般，每個人喜愛的點都不一樣。選擇自己喜愛的烏龜，就是長久並好好飼養下去的基本。

能夠飼養到最後嗎？

烏龜很長壽，所以和烏龜一起生活是一種長期抗戰，得要一直持續照顧才行。水棲烏龜、半水棲烏龜可以活20～30年，有些陸龜則可以活超過50年。請仔細思考是否能夠負責任地飼養到最後，再來飼養烏龜吧！

照顧的難易度？

飼養難易度和體型大小、照顧方法等也要先行確認

確認飼養難易度和價錢

烏龜中也有難以飼養的種類。如果是初次飼養烏龜，請選擇容易飼養的種類。還有，就算是容易飼養的種類，如果會長成龐然大物，或許也無法說是容易飼養的吧！還是先調查看看牠會成長到什麼樣的大小吧！

烏龜的食物也依種類而異，所以也必須事先確認牠要吃什麼樣的食餌、食餌的準備是否容易等等，最好也先確認一下清掃的難易度。會長大的烏龜，也必須要有相當的飼養空間。

在飼養烏龜時，日光浴用的燈、紫外線燈等各種飼養用品也都是必要的，所以也要先確認一下飼養上所需的花費才行。

飼養烏龜前的 **確認重點**

- □ …… 烏龜很長壽。能夠負責任地飼養到最後嗎？
- □ …… 有放置飼養容器的空間嗎？
- □ …… 可以做到食餌、溫度管理、清掃等照顧嗎？
- □ …… 成長後也能確保充分的飼養空間嗎？
- □ …… 負擔得起食餌和飼養設備所需的費用嗎？

4 種飼養形式

依照烏龜的種類而異，要準備的飼養環境也不一樣

烏龜的生活環境會依種類而異，而依照其生活環境，飼養形式也有所不同。在飼養烏龜之前，要先知道有哪些飼養形式，再來決定想要飼養的烏龜。

烏龜在學術上的分類已於P16～17中解說過了，除此之外，烏龜也可依生活環境的不同，大致分成4個族群。

在本書中，分成了半水棲種、水棲種、陸棲種、完全陸棲種等4個族群。

半水棲種的烏龜

烏龜中約有3分之2都是半水棲種。密西西比紅耳龜（巴西龜）、金龜、石龜、地圖龜、動胸龜、蛇頸龜、側頸龜等都是這個族群。主要棲息在河川或水池、沼澤等水邊，是為了日光浴等而經常爬到陸上的種類。

基本上是要以保有陸上部分和水中部分的水陸缸來進行飼養。

▲在半水棲種的飼養上，以能夠大範圍設置水域的水陸缸為宜。

水棲種的烏龜

水棲種中雖然也有像鱉類或是楓葉龜一樣偶爾會上陸的烏龜，不過絕大部分都是在水中生活的種類，或是像豬鼻龜一樣，除了產卵以外經常在水中生活的烏龜族群。

在飼養上，要和飼養熱帶魚一樣，基本上是以水族箱來飼養。不設置陸場的例子也很多。

▲水棲種的飼養，要採取和熱帶魚相似的飼養形式。

陸棲種的烏龜

就像黃額閉殼龜或食蛇龜、太陽龜一般，陸棲種是生活在森林或叢林等濕度較高的陸地上，即便下水也只是在水窪等處做做水浴而已的族群。

在飼養形式上，陸上部分較多的水陸缸，或是設有水浴用水盤等濕度高的陸生缸較為適合。

▲陸棲種的飼養例。設有廣闊陸地的水陸缸。

完全陸棲種的烏龜

完全陸棲種的烏龜生活於沙漠或熱帶草原、森林等，幾乎不下水，只在陸上生活。

四趾陸龜或歐洲陸龜等棲息在沙漠或熱帶草原等乾燥場所的烏龜，要以乾燥的陸生缸飼養；而紅腿象龜等棲息在高溫多濕場所的烏龜，則要用濕度高的陸生缸來飼養。

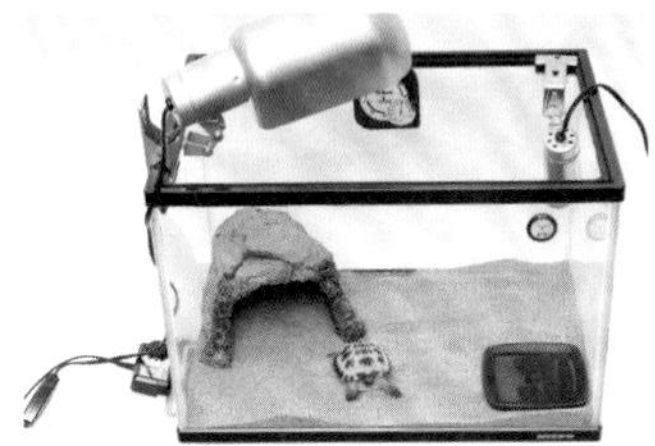

▲只要在飼養容器中放入小的水浴容器即可。

決定飼養哪個族群的烏龜？

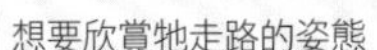

半水棲種

- ☐ 想飼養棲息在亞洲、比較熟悉的烏龜
- ☐ 想要同時欣賞牠游泳的姿態和在陸地曬日光浴的模樣
- ☐ 能夠定期換水並進行溫度管理

水棲種

- ☐ 想要欣賞牠快速的泳姿和在水中生活的模樣
- ☐ 在照顧上能夠定期換水
- ☐ 能做好水溫管理

陸棲．完全陸棲種

- ☐ 想要欣賞牠走路的姿態
- ☐ 能夠準備蔬菜等食物
- ☐ 能適當管理溫度和濕度

迎接烏龜的日子

了解選擇健康烏龜的重點

決定想要飼養的烏龜種類，
做好飼養的準備後，
就該去迎接烏龜回家了。
先來了解選擇健康烏龜的重點吧！

儘量用手拿著來挑選。（阿薩姆鋸背龜）

迎接烏龜的準備

先整理好飼養環境吧！

決定好自己想要飼養的烏龜後，當然就會想要立刻前往店家購買。不過，還是稍等一下。因為在這之前有非做不可的事情，那就是做好迎接烏龜的準備。不要在購買烏龜的同時才購買飼養設備，正確的做法是先準備好飼養環境，然後才帶烏龜回家。飼養環境依烏龜的種類而異，請參考PART 2（P40～53）來進行準備吧！

購入烏龜後，請儘快回家。帶回烏龜後的一段時間請不要過度碰觸，讓牠習慣新的飼養環境是很重要的。

從哪裡購買烏龜？

準備好後，也該前往寵物店購買烏龜了。在商店方面，最好選擇衛生且環境清潔、烏龜健康的店家。如果是飼養上的問題也能確實回答的店家，就更讓人安心了。

除此之外，還有從朋友處分得，或是從網路商店購買等方法。

選擇健康的烏龜

寵物店裡販售著形形色色的烏龜。珍奇的種類可能只有1隻，不過一些大眾化的品種，同種類的烏龜大多是複數販賣的。

購入烏龜時，最好選擇健康、外形佳的烏龜。先來了解選擇烏龜的重點吧！

Check!

飼養幼龜困難嗎？

剛出生的幼龜沒有體力，有身體狀況容易崩壞的傾向。而老成的成龜大多難以適應環境的改變，可能會變得不願進食。

初次飼養烏龜時，最好選擇已經出生一段時間的年輕個體。

▲幼龜缺乏體力，入門者最好選擇已經稍微成長的烏龜。

選擇健康烏龜的5大Point

用眼睛看就能判斷的確認重點有龜甲、眼睛、耳朵、嘴巴、腳、尾巴、皮膚等。請參考下面的重點後，選擇健康的烏龜吧！

Point 1 龜甲

確認龜甲是否形狀端正，有無受傷或變色部分？儘量避免盾板形狀歪斜，或是左右盾板數目不同的個體。另外，野生個體常見受傷及伴隨而來的變色部分，如果只是稍微受傷還沒關係，但是受傷明顯的個體最好還是儘量避免。

龜甲除了外觀之外，硬度也很重要。用手輕輕觸碰，龜甲柔軟的烏龜就不用考慮了。

▲就算龜甲的形狀或盾板數目出現異常，在飼養上大多也不會有問題；不過若是在意外觀，就必須加以確認。

Point 2 眼睛

▲眼睛大而美的烏龜為佳。（日本石龜）

健康的烏龜有漂亮清澈的眼睛。如果有眼睛腫脹、只能半開而無法睜大眼睛、眼睛塌陷等情況，就可能是生病了。此外，最好也要避免眼睛混濁或充血、左右大小不同、淚眼汪汪的烏龜。

Point 3 耳朵·嘴巴·鼻子

烏龜的耳朵在眼睛的後方。有些種類很難發現在什麼地方，但還是要確認這個部分是否有腫脹或是充血；當有這樣的症狀出現時，就很有可能是生病而引起的發炎。

檢查嘴巴時，必須確認喙是否歪斜、有沒有缺損等傷口、嘴巴周圍是否有附著泡沫或是滲血等情形。

鼻子方面，要選擇鼻孔完全打開的烏龜。有些個體先天就有鼻孔堵塞的問題，所以必須檢查。此外，流鼻水或是鼻子滲血的烏龜，有可能是罹患了肺炎等呼吸系統的疾病，最好避免。

▲必須確認耳朵和鼻子沒有異常。（紅腿象龜）

Point 4 腳·尾巴·皮膚

要檢查步行或是縮進龜甲時，是否出現拖行，或是有腳縮不進去之類的情況。此外，四肢最好結實有肉，確認是否削瘦、青筋暴露、腳趾和爪子有無缺損等。尤其是野生個體，腳趾和爪子大多有缺損，最好避免傷口還在滲血的烏龜。不過，腳趾和爪子的缺損如果只有1隻或是極小部分，只要傷口能夠完全治癒，在飼養或繁殖上並沒有太大的影響。

尾巴方面，經常可見末端部分缺損、從中間開始彎曲的個體，必須加以確認。

皮膚方面，除了蛻皮中的個體之外，身上仍然附著老舊皮膚的烏龜，很可能是蛻皮不完全。另外，皮膚上有糜爛或是不自然膨起部分的個體，有可能是罹患了腫瘍或潰瘍。

Point 5 重量·動作·進食

烏龜的重量也很重要。有好好進食的健康個體，拿在手上可以感覺到沉甸甸的重量感；反之，重量比外觀還輕的個體，可能是消瘦或是患有內臟疾病，最好避免。

此外，充滿活力地活動也是重點。可以的話，請對方讓你在烏龜進食的時候做確認，選擇確實進食的烏龜為佳。

▲建議選擇拿在手上有沉甸感的烏龜。（巨頭麝香龜）

We love Turtle! ……… ❶

容易飼養的烏龜、不容易飼養的烏龜

烏龜的種類總共有約300種，所以牠們的棲息環境也依種類而各不相同。有些烏龜適應大範圍的環境，棲息在廣闊的區域中；也有些烏龜只棲息在有限的環境或是狹小的區域裡。因此，在烏龜的飼養難易度上也會依烏龜的種類而有所差異。

如果是初次飼養烏龜的話，建議選擇容易飼養的烏龜；若是想要飼養不好養的種類，還是等到熟練烏龜的飼養後再來挑戰吧！

接下來要為大家介紹特別容易飼養的烏龜和不容易飼養的烏龜。

容易飼養的烏龜

容易飼養的烏龜的條件有：

① 容易取得
② 容易馴餌
③ 不會長得太大，不佔飼養空間
④ 能耐環境的變化，有適應力

等等。

市面上販賣的烏龜中，包含了也棲息在日本的金龜和日本石龜。另外，除了以「巴西龜」之名廣為人知的密西西比紅耳龜之外，黃腹彩龜、巨頭麝香龜、赫曼陸龜、歐洲陸龜等都可以說是比較容易飼養的種類。

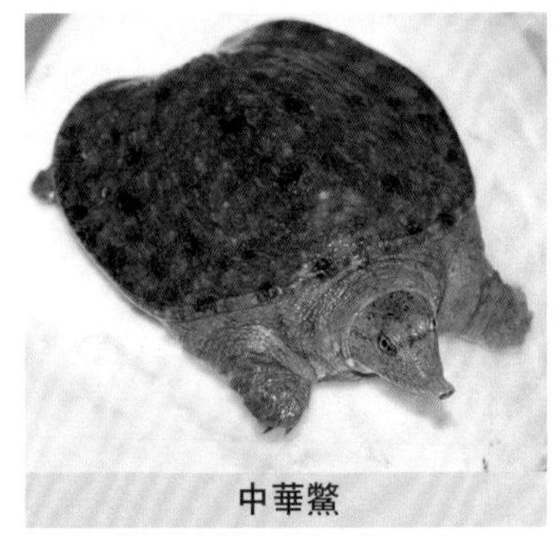

中華鱉

可以飼養在屋外的水棲種。馴餌也很容易。注意不要被咬了。

密西西比紅耳龜

別名巴西龜，是進口量多的大眾化品種。

黃腹彩龜

和密西西比紅耳龜一樣，都是可以在屋外飼養的入門種。

食蛇龜

只要能做好溫度管理，就是容易飼養的大眾化品種。

CB和WC有何不同？

▲取得烏龜時，請先確認牠是用哪種方法繁殖的。

目前市上販售的烏龜，依獲得途徑和繁殖方法分為CB（Captive-bred，人工繁殖個體）、CH（Captive-hatched，人工孵化個體），以及WC（Wild-caught，野外捕獲個體）。

CB是指在人工飼養下反覆進行交配、繁殖的個體；CH則是指捕獲已經抱卵的野生個體後，使其繁殖產下的個體；而WC則如字義，就是在野生狀態下採集而來的個體。

以前的烏龜幾乎都是WC，不過由於在自然界中數量銳減的烏龜也很多，現在除了部分種類外，在商店等販賣的個體均以CB個體為主流。

CB個體的優點是：少有寄生蟲及染病的情況，而且馴餌和對環境的適應都比較容易，和WC個體比起來，飼養上算是比較容易的。

WC個體的特徵是擁有野生個體才有的美麗身形和色彩，缺點是常見龜甲有傷或是腳趾有缺損的個體，且帶有寄生蟲或疾病的個體也比較多。此外，若是不善於適應環境變化的品種，相較於CB個體，馴餌和飼養也都會比較困難。

如果是初次飼養烏龜，建議選擇容易飼養的CB個體。

金龜

本來是移入種，卻是日本最大眾化的烏龜。健康且容易飼養。

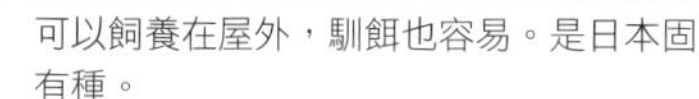

日本石龜

可以飼養在屋外，馴餌也容易。是日本固有種。

巨頭麝香龜

因為是小型種，所以不需要太大的容器，飼養也容易。

齒緣攝龜

進口的大多是野生個體，馴餌和飼養都很容易。

赫曼陸龜

在完全陸棲種中算是體質強壯的，適合初入門者。

歐洲陸龜

完全陸棲種中容易飼養的代表種。

不容易飼養的烏龜……❶

飼養環境難以完備的陸龜

難以飼養的烏龜代表種，在此舉出的是完全陸棲種烏龜。
例如麒麟陸龜或德州穴龜，在日本很難有完備的飼養環境，
要長期飼養是有困難的。
另外像是印度星龜，有人認為飼養並不困難，
不過想要健康地飼養幼體，溫度和濕度的管理必須相當仔細才行。

挺胸龜

不耐乾燥和多濕。要維持適合的環境並不容易。

阿根廷陸龜

對乾燥和多濕兩者都不耐，很難找到最適合的環境。

緣翘陸龜

不耐高溫多濕。氣溫一高就會進行夏眠的烏龜。

德州穴龜

不耐多濕。一濕熱身體狀況就容易變壞的烏龜。

麒麟陸龜

難伺候等級No.1。日本夏天的高溫多濕並不適合飼養。

印度星龜

雖然是大眾化的品種，不過在飼養上必須注意。尤其是幼體的飼養很困難。

不容易飼養的烏龜……❷

會長成龐然大物的烏龜

這一類的烏龜在飼養上並不困難，不過卻會長到很大。
由於長到成龜後就會變得相當巨大，若是沒有寬廣的庭院等，
一般家庭在維持飼養空間上大概會有困難吧！
偏偏商家經常販售個頭嬌小的幼體，往往讓人不禁把牠買回家，
數年之後，就會長到無法處理的大小。
在購入時，最重要的是要確認烏龜成長的最大尺寸。

黃頭側頸龜

讓人不由得想要飼養的可愛模樣，但是有些個體卻能長到70cm左右。

廟龜

強健而容易飼養的烏龜，是可以長到80cm的大型種。

鱷龜

最大可長到80cm的大型種。飼養上必須有相當大的空間。

蘇卡達象龜

雖然是大眾化的烏龜，不過成長迅速，在飼養下也可超過50cm。

豹紋陸龜

飼養下約可長到40cm，但在自然狀態下卻可長到70cm的大型種。

亞達伯拉象龜

不用說大家都知道的大型種。約可長到120cm，所以必須有專用的飼養房間。

限制進口的烏龜

依據「CITES」（華盛頓公約），有些烏龜是禁止進口的。

陸龜科中所有的品種，以及包含其他科的品種，大多數的種類都是限制進口的對象。

其中，「CITES」附錄Ⅰ所包含的品種，在進口上會受到極為嚴格的限制，除了在大學或研究機構進行繁殖及研究目的之外，都是不能進口的。

在此介紹的烏龜，全都是列在CITES附錄Ⅰ中的烏龜，是目前難以獲得的種類。另外，棲息在日本的海龜同類也全都包含在附錄Ⅰ中。

安哥洛卡象龜

輻射龜

扁尾陸龜

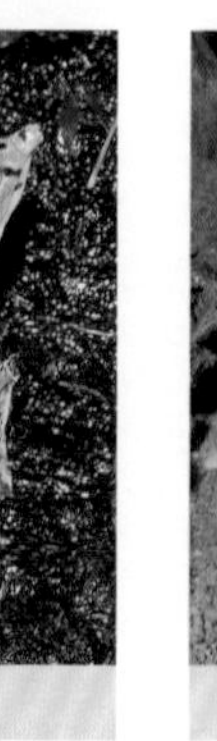
恒河鱉

蛛網陸龜

三稜黑龜（三龍骨龜）

牟氏水龜

埃及陸龜

關於「CITES」（華盛頓公約）

「CITES」是瀕臨絕種的野生動植物種在國際貿易上的相關條約。因為於1973年在美國華盛頓通過，所以也稱為華盛頓公約。依照滅絕的危險程度製作成3份名單，危險度由高至低，分別為附錄Ⅰ、附錄Ⅱ、附錄Ⅲ。

其中附錄Ⅰ是滅絕危險度最高，除了大學或研究機構進行繁殖或研究目的之外，一律禁止商業貿易。做為寵物時，除了特別的情況（公約通過之前就已進口的情況等）之外，是不能飼養的。

附錄Ⅱ中所包含的，是未必有瀕臨絕種之虞，不過必須管制交易情況以免威脅其存續的物種。只要有原產國的出口許可，就可以進口。做為寵物飼養的陸龜科烏龜，必須有這樣的許可才得以進口。

附錄Ⅲ是以世界標準來看，雖沒有絕種之虞，但在該國數量減少，必須加以保護的物種。在進口時，要有非必須保護國物種的原產地證明才行。

▲陸龜科的烏龜全部都在CITES的附錄Ⅰ或Ⅱ的名單中。

飼養上伴隨著危險的烏龜

在烏龜中，有些是照顧時一不小心就會被咬成重傷的危險種類。例如鱷龜等會長成龐然大物的種類，照顧時必須非常小心。即使是中型種，鱉的同類或是號稱為「破壞生態系的烏龜」的擬鱷龜等，被咬到都是非常危險的。請充分注意避免被咬，例如絕對不要在牠頭部可到達的範圍內直接用手拿著牠等等。

珍珠鱉

有如剃刀般鋒利的喙，被咬到會有危險。

楓葉龜

從外觀很難想像，但具有攻擊性，脖子也長。被咬到會有危險。

鱷龜

從張開的大口可以看到銳利的喙。咬合力強，就算不是被大個體咬到，還是有可能會受重傷。

關於「特定外來生物被害防制法」

「特定外來生物被害防制法」，是為了保護日本原存生物免於受外來種侵犯、保護人民的生命和身體，避免農林水產業遭到危害而制定的法律。將可能會造成損害的生物指定為特定外來生物，規定其飼養、栽培、進口、輸送等。

被列入特定外來生物的烏龜，在2012年底時僅有擬鱷龜；而指定為需注意外來生物的還有密西西比紅耳龜和鱷龜等，也有些品種正在檢討是否應列入特定外來生物中。

被指定為特定外來生物的擬鱷龜是不能飼養的。如果違反的話，個人將處1年以下有期徒刑、最高300萬日圓的罰金；法人則除了最高1億日圓的罰金之外，若因此產生損害，也會被索求保證款，遭受相當重的處罰，必須注意。

擬鱷龜可能已在千葉縣印旛沼等處自然繁殖了。由於這些地方可能會捕獲到幼體，萬一發現不知道是什麼品種的烏龜，請不要輕易飼養，還是交給最近的派出所等來處理吧！

會破壞生態系的烏龜

棲息在北美等和日本氣候相似地區的烏龜，較容易適應日本的環境。其中以巴西龜之名廣為人知的密西西比紅耳龜和擬鱷龜等，都已經在日本自然繁殖了，讓人擔心會對固有種的魚類或植物、烏龜等帶來不好的影響。

之所以造成這樣的結果，最大的原因就是民眾飼養的烏龜逃脫，或是飼主將無法飼養的烏龜任意流放到河川或水池中。

就算無法飼養，也請絕對不要棄養在自然的河川或池沼等。如果無法繼續飼養的話，一定要尋找可以代為飼養的人。

擬鱷龜

在千葉縣印旛沼等處已經捕獲了許多野生化的個體。

密西西比紅耳龜

目前勢力正擴大中，有凌駕金龜之勢。

雜交種烏龜

有時不同品種的烏龜們會生下雜交種。

有些地區可能會發現許多像這樣的雜交種烏龜，甚至曾經有過被當成其他品種的情形。

右圖就是頗具代表性的烏龜之一，是柴棺龜和金龜的自然雜交種，稱為皮氏山龜。雖然在中國給予*Mauremys pritchardi*的學名，並列入「CITES」（華盛頓公約）的附錄III中，但實際上因為是雜交種，所以並不被認為是獨立品種。

除此之外，目前已知名為金石龜的烏龜，是柴棺龜和金錢龜，或是安南擬水龜和金錢龜的雜交種。

▲柴棺龜和金龜的雜交種。

We love Turtle! ❷

顏色特殊的烏龜

色彩變異的烏龜

在生物中，極其罕見地會看到擁有和一般個體不同色彩者。正常來說，生物之所以有各種不同的花紋和色彩，都是因為身上帶有黑色素（melanin）的關係，但是當這種黑色素過度增加、稀少，或是欠缺時，就會發生色彩變異的個體。在烏龜中，偶爾也可見到這樣的個體。

關於色彩變異方面，目前已知有黑色素增加或是擴散而導致全身變黑的黑化（黑變病），以及黑色素極端減少所造成的白變種，還有因為基因異常而導致完全不帶黑色素的白子。

◆ 黑化

黑化（黑變病）和荷爾蒙有關，可見於金龜老化的雄性個體等。除了烏龜外，菜花蛇黑化而成的烏鴉蛇等也很有名。

◆ 白子或白變種

相對於此，白子或白變種則是因為不帶黑色素或是黑色素稀少的關係，所以會呈現白色或奶油色。白子和白變種經常被混淆，但是其造成原因卻完全不同。如果是完全不帶黑色素的白子，因為血液的顏色會透出來，所以眼睛看起來是紅色的；相對地，如果是白變種，眼睛則大多呈現黑色或葡萄色，因此是可以區別的。

烏龜的白子和白變種的個體數量不多，買賣時會比一般的個體要高價許多。

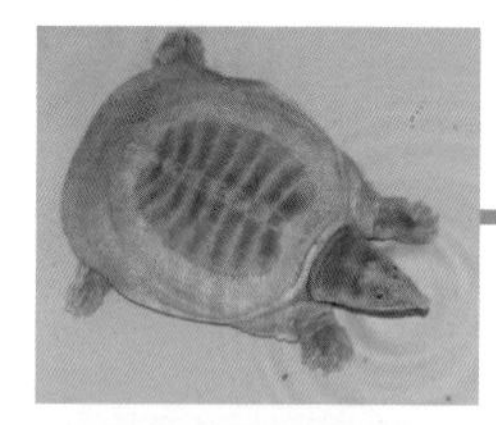

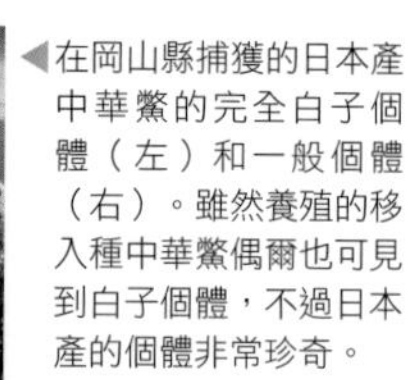

◀在岡山縣捕獲的日本產中華鱉的完全白子個體（左）和一般個體（右）。雖然養殖的移入種中華鱉偶爾也可見到白子個體，不過日本產的個體非常珍奇。

◀星龜的白子個體（左）和一般個體（右）。白子個體身上沒有一般個體的星狀放射花紋。

◀廟龜的色彩變異個體（左）和整體偏黑的一般個體（右）。大型種的色彩變異個體不僅震撼人心，也充滿了魅力。

◀呈現美麗奶油色的北印度箱鱉色彩變異個體（左）和龜甲上有點狀花紋的一般個體（右）。

◀密西西比紅耳龜的色彩變異個體（左）和一般種（右）。

part
2

準備飼養用品

飼養烏龜時，最重要的是要配合種類來準備適合的環境。本章將分別介紹半水棲種、水棲種、陸棲種、完全陸棲種等4個族群必需的飼養用品。

3 大飼養形式

依水域和陸地的平衡來區分飼養形式

飼養密西西比紅耳龜必須要有水域和陸地。

烏龜們依種類而有不同的飼養環境。
重點在於水域和陸地的平衡。
具代表性的飼養形式有3種。
先來了解其各自的特徵和差異，
準備適合烏龜的環境吧！

確認水域和陸地的空間！

烏龜的飼養形式大致可分成 3 種！

烏龜的棲息場所依種類而各有不同。最大眾化的大概是棲息在水池或河川，會爬到陸上或石頭上曬龜甲的金龜或是密西西比紅耳龜等半水棲烏龜吧！除此之外，還有像是豬鼻龜般除了產卵期以外都在水中生活的種類，以及在無水乾燥處生活的完全陸棲種烏龜等。因此，飼養烏龜時，準備配合該種類的飼養形式是非常重要的。

▲飼養的時候，請準備配合棲息環境的飼養形式。（進入小河流的柴棺龜）

3 種飼養形式

飼養形式大致上可分為水陸缸、水生缸、陸生缸3種。

水陸缸是密西西比紅耳龜或金龜、馬來閉殼龜等大多數半水棲種或陸棲種的飼養形式，水域和陸地兩者皆有設置。

水生缸是豬鼻龜或中華鱉、楓葉龜、鱷龜等水棲種的飼養形式。幾乎都是水域，基本上是不設置陸上部分的。不過，飼養中華鱉等會曬龜甲的水棲烏龜時，可以在水面放置可曬龜甲的浮筒，或是用流木或磚塊等建造小小的陸上部分。

陸生缸是用來飼養赫曼陸龜、緬甸星龜等完全陸棲種用的。有時可以放入能做水浴的裝水容器，是以陸地為主的飼養形式。

飼養形式 ❶ ………… for 半水棲烏龜

水陸缸

設置水域和陸地

水陸缸就是在僅有陸地的陸生缸中設置有水的空間，適合飼養半水棲種或部分陸棲種的配置。水域的空間大小會依烏龜種類而各有不同。

像動胸龜類和蛇頸龜、澳龜同類般擅長水中活動的種類，水域可設置得寬敞些；而像齒緣攝龜、馬來閉殼龜等擅長在陸上活動的種類，陸上部分就要佔大一點。

▲擅長游泳的種類水域要設大一點，反之則要將陸地設大一點。

磚頭是最適合建造陸地的物品。

喜歡水域還是陸場？

<龜子篇>

密西西比紅耳龜
龜子甲長18cm

一天之中，在哪一方的時間比較長呢？

基本上都在水中。

在水中走來走去，是在尋找食物嗎？

有時會將臉探出水面偵察。

然後偶爾會
曬曬太陽…

即使如此，
一天之中還是會來回水域和陸場
好幾次地曬太陽。

結論！任何一方都不可欠缺!!
請多關照！
（by龜子）

飼養形式 ❷ ………… for 水棲烏龜

水生缸

以水域為主的飼養環境

水生缸是使用在飼養熱帶魚等的飼養形式。用於以水中為主要生活場所的鱷龜、楓葉龜、鱉類、豬鼻龜等的飼養。

水生缸的飼養設備可以挪用熱帶魚用的水族箱，而水族箱的大小和水深調整則要視烏龜的種類和大小來進行。

如果是楓葉龜和鱷龜的幼體，水深以伸出脖子，鼻尖約可到達水面的淺水即可；而豬鼻龜最好要有易於游動的水深。

基本上是不需要陸上部分的，但因為鱉類會上陸曬龜甲，最好堆疊磚頭做成陸地，或是使用保麗龍等做為浮島。

▲如果是喜歡做日光浴的種類，就設置小小的陸場。

Point

中華鱉喜歡鑽入砂中，所以底部最好鋪上砂子。

飼養形式 ❸ ………… for 陸棲＆完全陸棲烏龜

陸生缸

以陸地為主的飼養環境

陸生缸是指將本來生活在陸上的生物，在玻璃容器等與自然隔離的空間內進行飼養。在日本，從以前起就經常在觀葉植物或多肉植物等園藝上使用陸生缸。不過，隨著爬蟲類的飼養變得受人歡迎，將陸生缸使用在爬蟲類飼養上的情形也變多了。

在烏龜的飼養上，以陸上做為主要生活場所的完全陸棲種和部分陸棲種，就會使用這種飼養形式。

完全陸棲種中，喜歡乾燥的種類和喜歡多濕的種類，其飼養環境是不同的。因此，必須改變所使用的墊材和管理方法（詳細參照P68～71），來做出適合乾燥種類的陸生缸，以及適合多濕種類的陸生缸。

▲在陸地上設置約如飲水場大小的水域。

Point

黃頭象龜等喜歡多濕的種類，最好鋪上水苔等墊材。

We love Turtle! ❸

烏龜可以複數飼養嗎？

在販售爬蟲類的寵物店，經常可以看到同一個水族箱中有好幾隻烏龜。一起飼養2隻以上的烏龜好像很有趣，不過烏龜是可以複數飼養的嗎？

烏龜基本上是要單獨飼養的

基本上，當烏龜同類複數飼養時，就會感受到壓力，有時也會打架，所以單獨飼養是基本。而且，烏龜就算單隻飼養也不會感到寂寞。

考慮繁殖時，或是在較少打架的幼龜時期，或許可以複數飼養。

不過，要以同一個飼養容器複數飼養時，一定要是相同種類的烏龜才行。因為就烏龜的飼養環境而言，就算是同一族群也多少有微妙的差異。不同種類一起飼養的話，可能會因為環境不適合而影響身體狀況，必須注意。

性格暴躁的烏龜要注意受傷

大麝香龜、中國大頭龜的同類等性格暴躁的種類，最好避免複數飼養。牠們可能會打架，或是誤以為是食物而去咬其他烏龜等等，很多情況都會造成受傷。特別常見的是咬住腳趾或尾巴等的情況，一旦咬斷就無法再生了。而即使是性格溫和的烏龜種類，複數飼養的時候多少也會受傷。所以，如果不希望烏龜受傷，建議還是單獨飼養為佳。

◆ 不適合複數飼養的烏龜

性格兇暴的烏龜、會長成龐然大物的烏龜都不適合複數飼養。像是大頭龜、匣龜等兇暴且喙部尖銳的烏龜，以及豹紋陸龜、蘇卡達象龜等個性溫和但會長成龐然大物的種類，在飼養空間上也不適合做複數飼養。

▶ 豹紋陸龜。

◆ 經常被複數飼養的烏龜

經常被複數飼養的有金龜、密西西比紅耳龜等。在陸龜類中，星龜和赫曼陸龜等比較小型且乖巧的種類，好像也常被複數飼養。

不過，就算幼龜時期沒有問題，長大後還是會有打架的情形。想做複數飼養時，還是先仔細考慮後再實行吧！

▲密西西比紅耳龜的幼龜。

◀ 金龜的成龜。

紫外線照射&溫度管理的重要性和用品介紹

想要健康地飼養烏龜，
紫外線和溫度管理是很重要的。
在此要介紹以人工方式
讓烏龜做日光浴、
進行溫度管理的用品。

日光浴在維持健康上是很重要的（紅耳龜的同類）。

日光浴的作用

陽光中重要的是紫外線和紅外線

在公園或神社的水池附近的陸地上，經常可見烏龜好像很舒服地曬著龜甲的樣子。除了豬鼻龜等部分種類之外，烏龜經常會做日光浴。

牠們可不是單純悠閒地曬太陽而已。日光浴對烏龜來說，是維持健康上非常重要的行為。因為沐浴在紫外線下，可以合成維生素D_3，也可以藉由遠紅外線來提高體溫。

對烏龜極為重要的紫外線和紅外線

陽光看起來是白色的，實際上卻是由各種色彩的光線混合而成的。光線的顏色依波長而異，眼睛可見的光，大約是在波長範圍380～750nm的光。波長越短，看起來越接近紫色，越長則越接近紅色。比此波長短的是紫外線，長的則是紅外線。不管是紫外線還是紅外線，都是人類的眼睛無法看見的，不過對烏龜而言卻有重要的功能。

紫外線的種類和作用

烏龜必需的紫外線UVA和UVB

紫外線的種類和作用

紫外線的英語是Ultraviolet，因此稱為UV。紫外線的特色是容易被物體吸收及反射。

紫外線依波長又分為UVA（400～315nm）、UVB（315～280nm）和UVC（未及280nm）。

其中，到達地表量最多的正是UVA。UVA對於烏龜要正常進行蛻皮或繁殖，以及增進食慾上都是必需的。

UVB具有在皮膚生成維生素D_3的作用，這對人類和烏龜都是一樣的。但另一方面，UVB也是造成曬傷的原因。

UVC是擁有強效殺菌能力的紫外線，也使用在殺菌燈等。對生物體來說是非常有害的紫外線，但因為會被臭氧層吸收，所以幾乎不會到達地表。

※ nm（奈米）=10億分之1米

烏龜必需的紫外線

在紫外線的功能中，特別重要的是UVB有助於維生素D3的生成。維生素D3在體內對於鈣、磷的吸收上有重要的作用。維生素D3一旦缺乏，就會造成骨骼的鈣質沉積不足，變得容易發生骨折，或是造成骨骼和龜甲變形、容易罹患佝僂病等。因為烏龜全身都被龜甲所覆蓋，所以維生素D3的生成是非常重要的。此外，UVA在防止蛻皮不全或是提高新陳代謝上也是必需的。

飼養烏龜時，利用陽光讓牠進行日光浴是最好的。如果在屋外飼養，或是能夠定期到屋外做日光浴就沒有問題，但若沒有辦法讓牠做日光浴時，就必須利用紫外線燈，讓牠做人工式的日光浴。例如冬天無法外出時，或是長期間飼養在室內時，紫外線燈就是必需品。

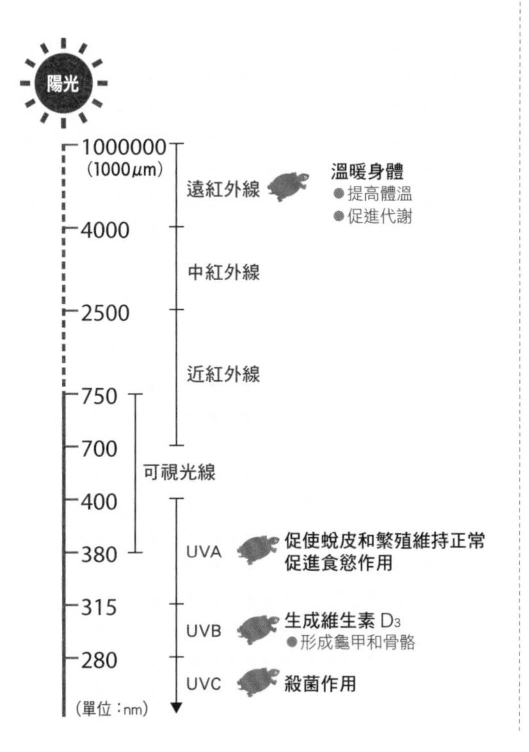

紅外線的種類和作用

在提高烏龜的體溫上，遠紅外線的作用很重要

紫外線的波長比起紫色的可視光線還短，相對地，紅外線則是波長比紅色可視光線還長的光線。700nm～1000um波長的光線就稱為紅外線。

紅外線依照波長又可分成近紅外線（700～2500nm）、中紅外線（2500～4000nm）和遠紅外線（4000nm～1000um）。

近紅外線和紅色的可視光線相近，被使用在紅外線感測器或遙控器等方面；中紅外線因為被吸收的波長會依物質而不同，所以被使用在化學物質的同定（種類的鑑定）上；遠紅外線因為對被照射物體有加熱的效果，所以被利用在電暖爐或電熱器等方面。

紅外線的特徵是容易被物體吸收。尤其是對於水的穿透力很弱，穿透力最強的遠紅外線也僅能穿透數mm而已。

烏龜會以遠紅外線提高體溫

對烏龜來說，重要的是遠紅外線。沐浴在遠紅外線下，可以提高體溫，藉此便能夠活潑地活動，或是促進代謝，消化所吃的食物。

無法讓烏龜沐浴在自然的陽光下時，不妨利用紅外線燈等，讓烏龜可以自由地溫暖身體。紅外線燈除了在寒冷時期能提高飼養容器的溫度之外，也可以進行部分性的照射，做為提高體溫的熱區來使用。

※ um（微米）=1000nm

◀藉由曬太陽來合成維生素D3，提高體溫。

紫外線燈的利用方法

會釋出紫外線的燈有各式各樣的種類，建議使用爬蟲類專用的。因為爬蟲類專用的紫外線燈，是專為釋出飼養爬蟲類時適用的波長所設計的。

紫外線的強度會依照燈的種類和瓦數而異，所以要選擇適合所飼養烏龜的紫外線燈。照射距離和照射時間也請配合燈的種類來做調節。

紫外線照射用品

在紫外線燈中，爬蟲類專用的照射 UVB 型的照明器具，在市面上有各種不同的類型販售。最好選擇適合家中烏龜和飼養形式的用品。紫外線的照射量依製造廠商和瓦數而異，因此購買的時候最好先詢問店員。網路上也有很多資訊。螢光燈管等紫外線燈，就算燈管本身還能使用，照射量也會隨著時間的經過而減少，最好每隔 2 ～ 3 個月就進行更換。

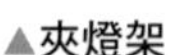

▲夾燈架

將燈泡型的紫外線燈裝上後使用。一定要使用符合適用瓦數的燈泡。

▲燈具支架

玻璃水槽加蓋使用時，只要有這樣的支架，就連夾式的照明器具也能安裝。

▲Repti Glo

使用螺旋型螢光燈管的UVB燈。發熱量少，所以也適合小型水族箱。

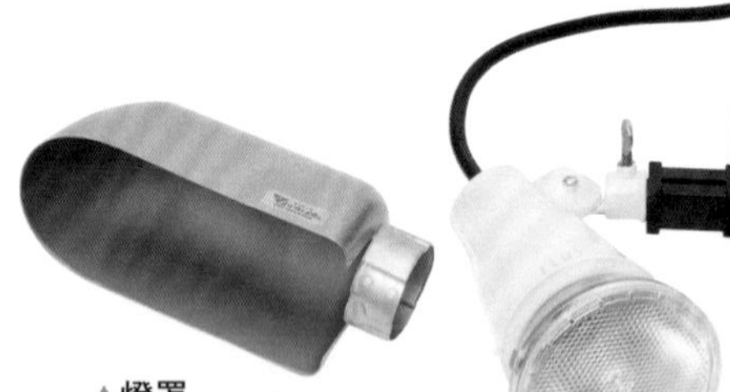

▲燈罩

可以讓紫外線更有效率地照射。安裝在夾燈架上使用。

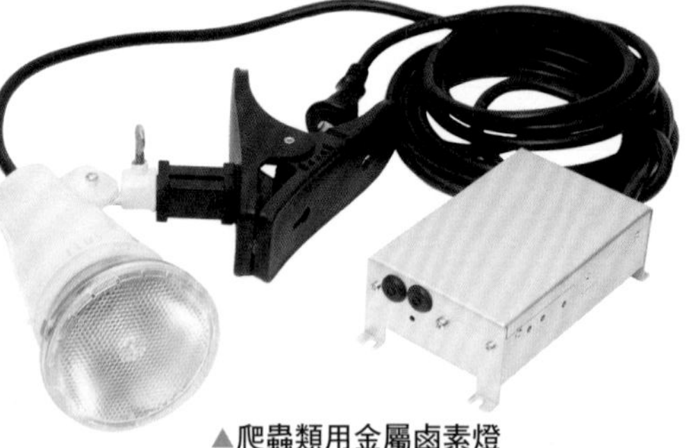

▲爬蟲類用金屬鹵素燈

可照射含有適合爬蟲類飼養的紫外線光的金屬鹵素燈。

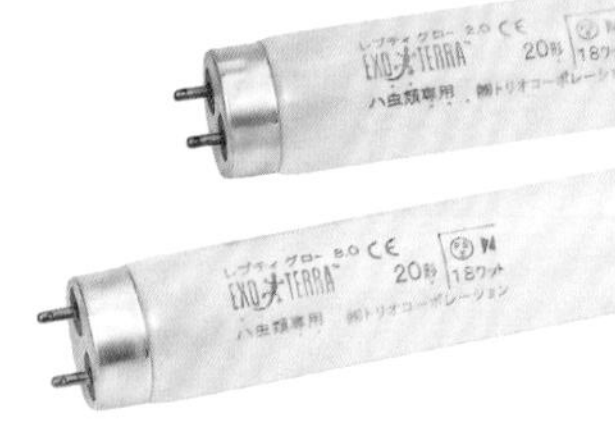

▲爬蟲類用UV螢光燈管

螢光燈管型的UV燈。市面上也有販售同樣瓦數但紫外線量卻不同的產品。

曝曬和熱區

Bask在英文中是曬太陽的意思。在烏龜的飼養上，經常使用「basking」這句話，就是指讓烏龜做日光浴。用於做日光浴的燈也可以稱為basking lamp。

烏龜是變溫動物，所以做日光浴可以讓牠的體溫升高，然而飼養在室內的烏龜卻無法做日光浴。因此，可以利用日光浴燈等，部分性地形成可以進行日光浴的場所；也就是讓烏龜走到該場所來提高體溫。而像這樣可以取暖的場所就稱為熱區（hot spot）。

紅外線燈的利用方法

市售的爬蟲類用的保溫燈泡，以及曝曬、熱區用品，都是利用紅外線的放熱效果。

紅外線的特徵是不易穿透水。因此，對於身體內部已經被體液等水分充滿的烏龜或是人類等生物體來說，紅外線只能到達皮膚等的表面。此外，紅外線燈即使照射到在水中的烏龜，也無法期待它有直接提高烏龜體溫的效果。

使用紅外線燈時，請設置在陸上部分。

紅外線照射上必需的用品

這些用品大多會造成高溫。在飼養容器上設置紅外線燈或是槽形的陶瓷放熱器時，請勿碰觸到壁面或蓋子等，充分拉開距離地設置。在照射距離上，如果要溫暖整個飼養容器，就調整到可照射全體的位置上；要設置熱區時，就調整到照射面的溫度約在28～38℃（視烏龜的種類而異）的位置上。飼養容器請分別設置熱區用和全體用的溫度計。

▲保溫燈泡
可溫暖整個飼養容器的紅外線燈。大多不論晝夜都要點燈，因此製成紅色。

▲陶瓷放熱器
像燈泡一樣扭入式的放熱器。不會發光，所以一整天都能使用。

水陸缸的飼養用品 …………… for 半水棲龜

水域和陸場雙方都有設置的水陸缸，因為需要在飼養容器中加入水，所以要準備不會漏水的容器和弄濕也安全的用品。也要準備建造陸場的用品。

準備就算弄濕也沒關係的用品

大多數的烏龜都被納入半水棲種中。基本的飼養形式，就是水域和陸地兩者兼備的水陸缸。水陸缸的最大特徵，就是飼養容器內要加入水這一點。因此請選擇不會漏水的飼養容器。

陸上部分如果只是單純地將砂子和砂礫堆砌起來，很容易崩壞，因此要用石頭或磚塊等建造隔間或地基，上面再鋪上水苔或砂礫，設置成陸地。水中要放入水族箱用的過濾裝置，不過要配合水深來選擇用品。日光浴用品方面，除了在陸地建造熱區之外，最好也能有全體的照明或紫外線燈。

所有的器具都要考慮可能會弄濕，儘量選擇經防水或防滴加工過的物品。

活用划算的飼養套組

市面上有販售一些烏龜飼養專用、將過濾器等最低限度必要的器材包裝成一套的飼養套組。這些商品幾乎都是半水棲烏龜用的，而且水族箱的尺寸從適合飼養幼龜的袖珍型水族箱，到稍微長大後仍能飼養的60cm大的水族箱，有各種不同的尺寸。

對於初次飼養烏龜的人，或是想要用幾個水族箱飼養好幾種半水棲龜幼龜的烏龜迷來說，是很方便的品項。但因為沒有搭配紫外線燈和熱區用燈，所以請視需要自行添購。

飼養容器

請選擇不會漏水、弄濕也不會釋出有害物質的容器。

▶水族箱
一般來說，大型的是壓克力製，小型的是玻璃製。容易購得且外觀美麗，很推薦使用。

◀收納箱
收納箱輕巧且方便使用。也可以利用衣物箱，不過在強度上稍微讓人擔心，必須注意。

▶塑膠盆
有各種尺寸，適合成龜的飼養。但是高度較淺，所以活潑的種類要做好逃脫對策。

▶盆子
大型盆子可以在居家購物中心購得。有排水栓塞，方便換水，不過須注意不要被烏龜拔起來了。

墊材・底砂

使用於陸場或是水底，可以更接近自然的環境。水草用的土粒系軟底砂會揚起來，不適合使用。顆粒大的砂礫（比紅豆還大）萬一被烏龜誤食的話，會無法排泄掉而殘留在體內，所以要儘量使用細砂礫。

▲赤玉土
有硬質和軟質，不易溶於水的是硬質型。考量到烏龜吃下去時，以軟質較為安心。

▲水族用底砂
顏色和顆粒等有各種類型。考量到烏龜誤食的情況，最好避免大顆粒的。

▲水苔
使用在陸上部分。上面再貼覆活的苔蘚，或是利用來做底，以免其他用土溶於水中。

▲泥炭土
少有溶於水的情況，缺點是因為質輕的關係，一乾燥就很容易附在烏龜的身體上。

地基

建議陸地用磚頭或石頭等做為地基，比較不容易崩塌。普通的保麗龍會被烏龜的爪子削掉，並不適合。

▲磚頭
大小適當，也容易取得，經常用來做為地基。也有漂亮的復古型。

▲石頭
可在居家購物中心等購得。也可以去河邊撿拾適當大小的石頭。

▶硬質發泡磚
有硬質和一般兩種類型，一定要選擇硬質的。由於浮力強，較適合淺水。

水溫管理用品

要提高水溫可以利用水族箱用的加熱器，要降低水溫則要利用水族箱用散熱器或是冷卻風扇（P53）。

▲烏龜專用加熱器
專為飼養烏龜製造的加熱器。雖然是溫度固定型，不過一定要在水中使用，不可以離開水中。

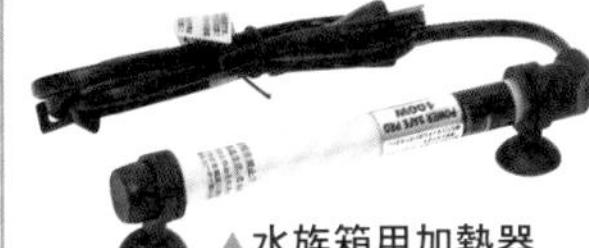

▲水族箱用加熱器
也有溫度固定型，不過還須另外和控溫器配套使用，且管理上不可離開水中。

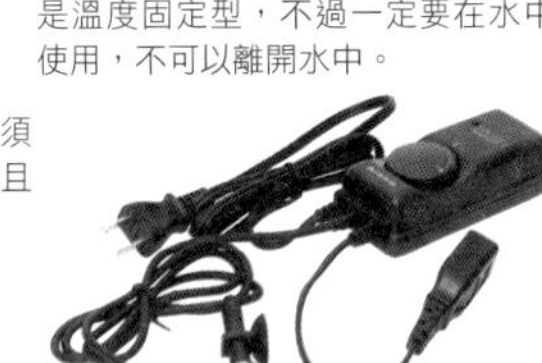

▲加熱器護套
為了避免加熱器破損或是烏龜遭到燙傷，最好在加熱器上安裝加熱器護套。

▲控溫器
進行溫度調節的器具，要連結加熱器使用。感測器部分請勿離開水中。請詳細閱讀說明書後再使用，以防火災等意外發生。

照明．日光浴用用品

由於讓烏龜做日光浴的熱區在水陸缸中可能會被水濺到，所以就算是爬蟲類專用的用品，一般的聚光燈還是不適合。一定要使用防滴型的產品。

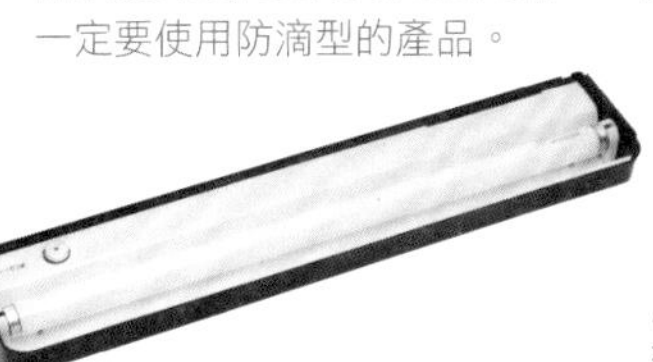

▲新鹵素燈
有防滴加工，紅外線的照射量也多，所以是最適合熱區的燈。

▲水族用螢光燈器具
使用在提高整個水族箱的亮度上。螢光燈最好使用照射爬蟲類專用的紫外線類型。

▲ Swamp Glo 防滴燈
使用鈦玻璃的晝用防滴燈。為大範圍光譜，適合日光浴。

▲金屬鹵素燈
適合大型水陸缸。如果使用時沒有和水族箱保持距離，熱氣會排不出去，須注意。

過濾器（過濾裝置）

和水生缸比較起來，水陸缸整體的水量比較少，所以水容易髒污。想要延遲水質惡化，最好設置過濾器，建議選擇水深較淺仍能使用的類型。

▲投入式過濾器
連結氣泵使用。照片中的過濾器是水陸缸用、高度比較低的類型。

▲外部式動力式過濾器
適合以大型水族箱製作的水陸缸。採密閉式，要設置在比水族箱低的位置。

▲投入式小型動力式過濾器
市面上販售的烏龜專用水中過濾器。橫倒也能使用。

▶岩石過濾器
外觀模仿岩石的過濾器，內部是空心的，內藏過濾器。

水生缸的飼養用品 ………………  水棲龜

最適合飼養水棲種烏龜的水生缸，以水域為主。可以利用熱帶魚的飼養用品，非常方便。陸地可視種類來做設置。

應用熱帶魚的飼養形式

豬鼻龜或中華鱉等大部分時間都在水中度過的水棲種烏龜們。這個族群的烏龜基本上和熱帶魚一樣，可以用水族箱飼養。其中，一生幾乎都在水中生活的豬鼻龜，甚至可以和大型熱帶魚一起飼養，是很適合飼養在水族箱中的種類；反之，鱉類或楓葉龜等則適合水深比較淺的水族箱。

設置水生缸時，過濾器是必需的。而鱉類等除了豬鼻龜之外的水棲種，因為需要做日光浴，所以要使用磚塊或浮島設置可以曬龜甲的空間，將該場所做為熱區。

在水族箱的管理上，要使用熱帶魚用的加熱器和控溫器。也要準備照明和日光浴用的器具。

有了會比較方便的換水套組

由於水生缸的水量較多，換水出乎意料地麻煩，因此不知不覺中往往會變得疏於換水。然而，換水不足導致的水質惡化對於將這些水做為飲用水的烏龜來說，卻是攸關性命的問題；很可能會導致生病，甚至造成死亡。此外，水族箱散發惡臭，對人類來說也無法享受舒適愉快的烏龜生活。

在準備飼養器具的時候，也順便選購讓換水變得容易的用品吧！不用的時候就保管在收納箱中，非常方便。

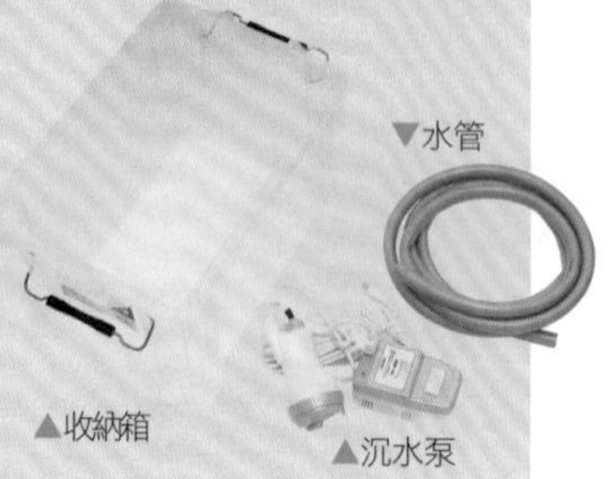

▼水管

▲收納箱

▲沉水泵

飼養容器

市面上販賣的水族箱有各種不同的尺寸。如果飼養的是幼龜，考慮到成長的情況，最好選擇較大的水族箱。收納箱等也很方便。

▶**水族箱**
從幼龜開始飼養時，要考慮牠最後會長到多大，再來選擇尺寸吧！

▲**收納箱**
有多種尺寸，價格也合理。缺點是只能從上面觀賞。

▼**大型盆子**
這是農家用來清洗蔬菜等的器具。尺寸大但價格便宜，不過須注意避免栓塞脫落。

底砂・石頭・流木

雖然不放入底砂會比較容易進行換水等的維護保養，不過對於經常潛入砂中的鱉類來說，最好能鋪上3～5cm左右的底砂。底砂請選擇不會擦傷身體，或是誤吞也容易排泄出去、細緻且沒有稜角的類型。

▲**河砂**
居家購物中心等販售做為園藝用或水泥用的砂子。因為不是水族專用，請充分洗淨後再使用。

▼**水族用底砂**
熱帶魚中的鼠魚專用的、形狀沒有稜角的細砂。適用於鱉類或幼體的飼養。

▲**石頭**
除了裝飾用之外，也很方便用來保護加熱器或控溫器、過濾器的配管。設置時要避免石頭崩塌。

▼**流木**
除了做為裝飾用之外，將一部分露出水面，也可以做為曬龜甲的空間使用。請選擇造型簡單、不會夾住烏龜的。

陸場・浮島

喜歡曬龜甲的鱉類等，需設置大小可讓身體爬上的陸地。如果水不深，可以堆積磚頭；如果水較深，則可使用烏龜專用的浮島等。

▲磚塊
容易取得，大小也剛好，大多使用來做為陸場或地基。

▼浮島
烏龜專用的浮島。製成容易攀登的形狀，且大多為小型商品，所以很適合幼體使用。

◀硬質發泡磚
切成一半，將稜角削除，以利攀登。可以使用刀子等加工，不過因為質地較硬，要注意避免受傷。

水溫管理用品

水溫的管理利用加熱器和控溫器。夏天當溫度過度上升時，最好利用水族箱用的散熱器或冷卻風扇（P53）。

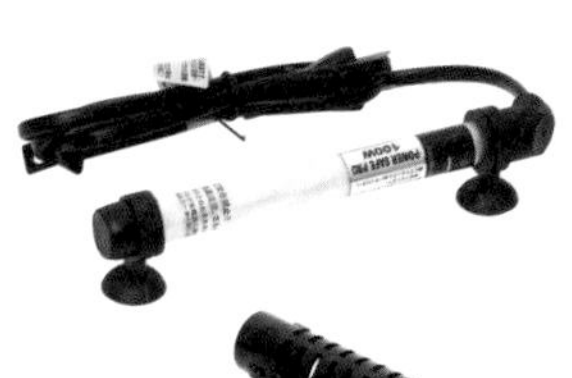

◀水族箱用加熱器
選擇適合水量的瓦數，以將水溫提高到適當的溫度。

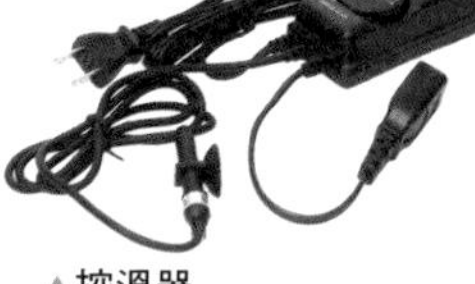

▶加熱器護套
最好安裝護套，以避免烏龜破壞或是被燙傷。

▲控溫器
設置時，感測器部分一定要在水中。設置場所要多費心思，以免烏龜加以碰觸或啃咬。

◀控溫器一體型加熱器
這是控溫器和加熱器一體成型的商品。只要加上護套，就非常適合烏龜飼養。

過濾器（過濾裝置）

想要防止水質惡化，減少換水的頻率，不妨利用過濾器。雖然也可以用熱帶魚用的，不過烏龜比魚更容易弄髒水，最好選擇過濾能力強的類型。

▲投入式過濾器
利用高度比水陸缸用的還高的過濾器，過濾能力也比較強。

◀投入式小型動力式過濾器
水深較淺時橫放使用，較深時則直立使用。最好經常更換濾材。

▲外部式動力式過濾器
過濾能力強，水位低也能使用，不過價格比較高。

▲外掛式過濾器
安裝簡單，使用容易。水位較低時，可以使用如照片般將泵放入水族箱內的類型。

照明・日光浴用品

也可以利用熱帶魚用的螢光燈器具。金屬鹵素燈的溫度容易變高，最好與水族箱保持距離地照射。

▲水族用螢光燈器具
配合水族箱的尺寸，有各種不同的類型。也可以設置爬蟲類專用的螢光燈管。

▼金屬鹵素燈
含有接近太陽光的波長，最好選擇爬蟲類用而非熱帶魚用的。缺點是價錢昂貴。適合大型水族箱。

▶ Swamp Glo 防滴燈
使用鈹玻璃的晝用防滴燈。為大範圍光譜，適合日光浴。

▲ LED 燈
耗電量低，發出的熱度也少。大多是單波長的產品，所以最好和熱區用燈一起使用。

陸生缸的飼養用品 ……………… for 陸棲・完全陸棲龜

完全陸棲種和陸棲種的部分烏龜，飼養的基本形式是以陸場為主的陸生缸。水域只要有飲水用、水浴用的小型水域即可。

有效管理溫度和濕度

許多完全陸棲種的烏龜都對溫度和濕度非常敏感。日本的冬天對烏龜來說是酷寒，尤其是分布在溫暖地區的烏龜種類，冬天時也必須保持在25℃以上才行；反之，也有很多烏龜不耐夏天的炎熱和多濕，因此溫度和濕度的管理是非常重要的。

要整備適合烏龜的飼養環境，請儘量準備寬敞的空間。飼養容器內需設置熱區等可部分性進行日光浴的溫暖場所。另外，在遠離熱區的地方，要準備身體可以進入的小屋，這麼一來，烏龜就可以自行移動到喜好溫度的場所，調節體溫。

在完全陸棲種中，即使是棲息於乾燥地帶的種類，幼體大多也不耐乾燥。飼養幼體時，最好使用水族箱等容易保持濕度的容器。不過，絕對不可增加濕度，所以請打開水族箱上部，以確保適度通風。

飼養陸棲種時，最好要設置溫度計和濕度計，以便監控溫濕度。

利用空調整備舒適環境

對於無法忍受夏天高溫多濕的烏龜，只使用冷卻風扇的話，很難整頓出適合的環境。這時，最簡單的方法就是利用空調來控制整個房間的溫度和濕度。另外，烏龜數量增加、有許多飼養容器時，也建議使用空調來進行溫度管理。

最好儘量在比較小的房間中，使用比所需等級更高一級的製品。

飼養容器

飼養陸棲種烏龜時，因為不會直接裝水使用，所以可利網狀的收納容器或是木箱等。喜歡多濕的烏龜建議使用水族箱或是收納箱等，而不耐潮濕的烏龜則建議使用專用飼養箱或塑膠盆等。

▲**水族箱**
使用市面上販售來做為水族用的製品。有壓克力製和玻璃製的。

◀**專用飼養箱**
爬蟲類用的飼養箱。特色是通風性比水族箱佳。

▶**收納箱**
也可以用衣物箱來代替，但是從耐久性來說，還是建議使用價格高一點的收納箱。

▲**塑膠盆**
可以在居家購物中心等購得。有綠色和黑色的，耐用且價格合理是最大的優點。

墊材

墊材在濕度的控制上也是很重要的。椰殼屑和腐葉土、黑土適合喜愛濕度的種類；乾燥過的鹿沼土、赤玉土、樹皮屑、牧草墊則適合喜歡乾燥的種類。除此之外，小動物專用的顆粒墊材或是陸龜專用土等也都可以利用，不過要記得選擇烏龜誤食也不會有危險性的種類。

▲**赤玉土**
價格便宜，容易取得。依照弄濕的程度，可以用於喜愛乾燥或多濕的烏龜。

▲**專用顆粒墊材**
專為小動物或爬蟲類製作的，有許多種類。

▲**椰殼屑**
將椰子果實的外皮粉碎而成的產品。有各種不同的類型供爬蟲類使用。適合喜歡保濕的種類。

▲**腐葉土**
由枯葉腐化而成，所以烏龜即使吃下也可安心。請勿使用有添加肥料的種類。

溫度管理・照明・日光浴用品

利用保溫器具或聚光燈、冷卻風扇等來控制溫度。照明和螢光燈要使用含紫外線的爬蟲類專用螢光燈管或燈泡。

▲Repti Glo
螺旋型的燈泡型螢光燈。能產生紫外線的UVB，可使用來做為曬曬燈。

▲爬蟲類專用螢光燈管
擁有爬蟲類必要的紫外線波長的螢光燈管。安裝在熱帶魚用的照明等上面使用。

◀曬曬燈
建造部分性的熱區時使用。由於並非溫暖整體空間的燈具，所以要併用其他的保溫器具。

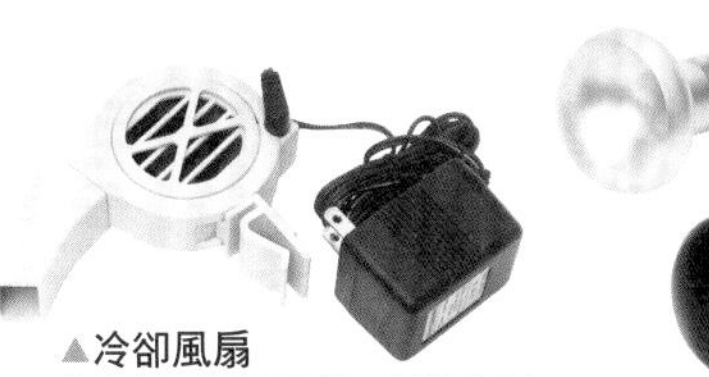

▲冷卻風扇
藉由向飼養容器內送風以促使空氣循環，降低蓄積的悶熱和溫度。

◀聚光燈專用器具
除了一般的照明之外，也使用在熱區等方面。燈泡型照明專用的夾式器具。

◀保溫燈泡
用於溫暖整體空間上。由於夜間也會使用，所以製造成紅色。

◀陶瓷放熱器
和燈泡同樣是扭入式的加熱器，不會發光，所以整天都可使用。

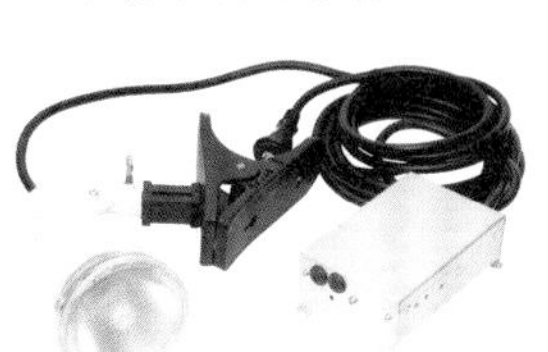

▼金屬鹵素燈
市售做為爬蟲類專用的燈具。適合大型的飼養容器。

▲加熱保溫墊
鋪在地板上的加熱器。為了安全起見，溫度大多不會過度升高。

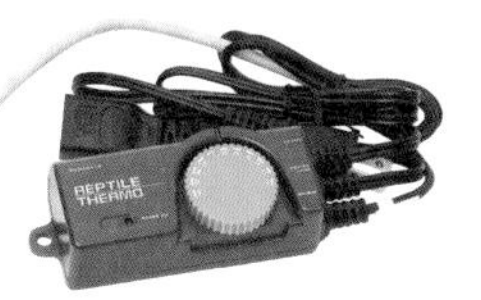

▲爬蟲類用控溫器
控制溫度的器具。要連結保溫器具使用。

▲溫濕度計
溫度計和濕度計成一體的類型。也販售有爬蟲類專用的製品。

餐盤・水盤

不喜歡多濕的種類可以不使用水盤，但除此之外的完全陸棲種都需要水盤。除了用來喝水之外，也可進行水浴。也可以用來裝食餌。

▲方盤
做為餐盤或水盤使用。水盤要以烏龜的身體可以進入的面積、烏龜能輕易進出的深度為宜。

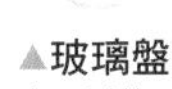

▲玻璃盤
也可以使用焗烤料理用的略深一點的玻璃盤。穩定性也佳。

◀寵物餐碗
狗狗或貓咪的餐碗，因為具穩定性，所以也經常拿來使用。

小屋

小屋請準備可以讓烏龜的身體完全隱藏的尺寸。市面販售的成品中找不到適當的尺寸時，也可以自行組合花盆或木板來製作。

▲爬蟲類專用小屋
有合成樹脂製或陶瓷製的商品，仿岩石的製品等就連外觀也考慮到了。

▼使用木板的小屋
大型種使用的如果建造得不夠堅固，很容易壞掉，要注意。

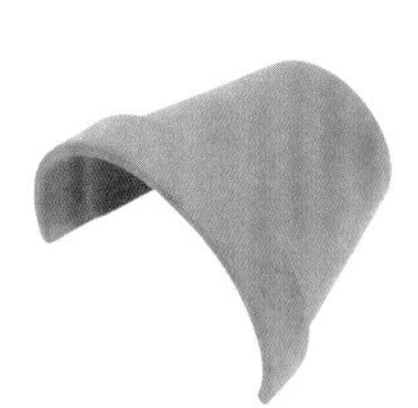

▲使用花盆的小屋
使用裁切石板用的鋸子或是圓盤砂輪機來裁切。

活用百圓商店！

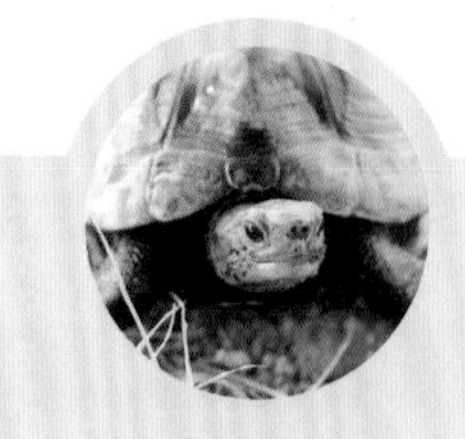

品項齊全眾多且價格便宜的百圓商店很受歡迎。從家庭用的小東西到工具、園藝用品、寵物用品等，各式各樣的商品都有販售。

在這些商品中，也有許多飼養烏龜時可加以用的物品。溫度管理或照明、日光浴用的物品，大多必須使用專用的器具，但是像餐盤或水浴用的容器、飼養容器的清掃維護用具等，就可以充分活用百圓商店裡販賣的東西。

在此要為各位介紹的是在百圓商店所販賣的物品中，在烏龜飼育方面頗為實用的商品。除了這裡介紹的之外，還有很多其他有用的物品，不妨試著找出個人獨特的利用方法，也是一種樂趣喔！

▲除了水盤和餐盤之外，也有許多可以在陸場利用的東西，不妨找找看吧！（紅腿象龜）

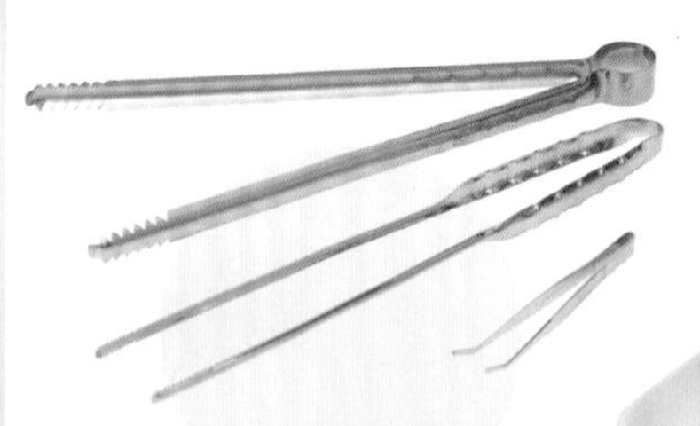

▲從上到下依序為撿拾垃圾用的夾子、沙拉用的夾子以及小鑷子。對完全陸棲種等吃植物性食餌的烏龜進行餵食時，或是要清掃食物殘屑時，非常方便。

▼陶器製的小盤和深盤。小盤可以做為餐盤或水盤，深盤做為完全陸棲種幼龜的水浴用具則非常方便。除了陶器製的之外，也很推薦玻璃製品。

▲園藝用土也有各種不同的種類，烏龜經常使用的是赤玉土和水苔。雖然不適合大型飼養容器，卻很適合小型飼養容器。

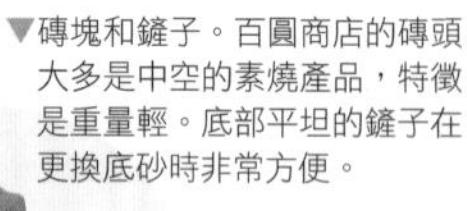

▼磚塊和鏟子。百圓商店的磚頭大多是中空的素燒產品，特徵是重量輕。底部平坦的鏟子在更換底砂時非常方便。

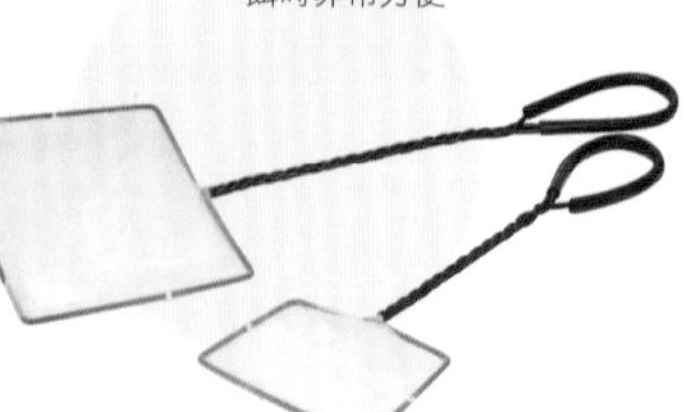

▼水族用網子，照片為中型和小型的。用於撈出水中的污垢或食餌殘屑，或是撈取小魚或蝦子等活餌時非常方便。

▶噴霧器。飼養喜歡濕氣類型的烏龜時，可以輕鬆地幫飼養容器的墊材增添濕氣。也有安裝在寶特瓶上使用的類型。

part 3

來整備飼養環境吧！

半水棲烏龜

- 密西西比紅耳龜
- 黃腹彩龜
- 西部錦龜
- 黑瘤地圖龜
- 錦鑽紋龜
- 星點龜
- 日本石龜
- 柴棺龜
- 歐洲澤龜
- 金龜
- 阿薩姆鋸背龜
- 馬來閉殼龜
- 齒緣攝龜
- 頭盔動胸龜
- 巨頭麝香龜
- 中國大頭龜
- 東澳長頸龜
- 窄胸長頸龜
- 希氏蟾頭龜
- 黃頭側頸龜 等

水棲烏龜

- 豬鼻龜
- 中華鱉
- 馬來西亞巨龜
- 楓葉龜
- 鱷龜 等

陸棲烏龜

- 黃額閉殼龜
- 高背八角龜
- 食蛇龜
- 百色閉殼龜
- 三趾箱龜
- 金錢龜
- 錦箱龜
- 金頭閉殼龜
- 斑腿木紋龜
- 亞洲巨龜
- 黑山龜
- 太陽龜 等

完全陸棲烏龜 標準型

- 印度星龜
- 緬甸星龜
- 鐘紋摺背陸龜
- 荷葉摺背陸龜
- 亞達伯拉象龜 等

喜歡乾燥	歐洲陸龜 赫曼陸龜 餅乾龜 等
喜歡多濕	紅腿象龜 靴腳陸龜 西里貝斯陸龜 黃頭象龜 等
多濕和乾燥都不喜歡	麒麟陸龜 挺胸龜 等

完全陸棲烏龜 乾燥型

- 四趾陸龜
- 蘇卡達象龜
- 阿根廷陸龜
- 豹紋陸龜
- 德州穴龜
- 緣翹陸龜 等

依5個族群別介紹飼養環境！
尤其是完全陸棲烏龜，如上記般
喜歡的環境各有不同，必須注意。

半水棲烏龜的設置法（水陸缸）

依照種類安排 陸場和水域的面積

包含金龜和紅耳龜、石龜在內，
為數眾多的烏龜都是半水棲種。
雖然陸場和水域缺一不可，但水域的
面積和水深卻依烏龜種類而各有不同。
來準備最適合家中烏龜的環境吧！

密西西比紅耳龜是水陸兩者皆需要的半水棲種代表。

半水棲烏龜．成龜篇

成龜的水深要稍微深一點，陸場需要建造牢固

半水棲種在烏龜中算是數量最多的族群。雖然要採取陸場和水域兩者皆設置的飼養形式，不過陸場和水域的比例卻依種類而異。在此要介紹飼養金龜、紅耳龜、地圖龜或動胸龜等代表性的半水棲烏龜的設置範例。

此外，有些烏龜喜歡近似水棲種的環境，也有些喜歡近似陸棲種的環境，偏好各有不同，但這些都只要改變陸場和水域的比例就能夠對應，所以不妨整理出對愛龜最適合的比例吧！

陸場要設置熱區

半水棲烏龜基本上多於水中活動，所以水域空間要建造得寬敞一點。雖然陸場也是必要的，但只要像是在水域上建設陸地般地進行設置即可。成龜的水深，以稍深一點使其能盡情游泳即可。陸上部分用磚塊或石塊等建造，也很建議在陸場上種植植物。

熱區設置在陸上部分。紫外線燈最好在白天點燈，照射紫外線。

也可以不安裝過濾器，不過水深較深時，安裝過濾器可以淨化水質，減少清掃的次數。

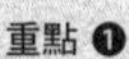

Point

重點 ❶
建造斜坡，讓烏龜容易爬到陸上。陸地的高度要接近水面。

重點 ❷
使用水中過濾器，輕鬆管理水質。使用過濾器時，水深要稍微深一點。

半水棲種 成龜 的設置例

利用階梯或斜坡讓烏龜容易上陸

陸上部分要用磚塊或石塊等堆疊建造。最好用磚頭做成階梯或是設置木板斜坡，以方便烏龜從水中爬上陸地。

熱區設置在陸上部分。紫外線燈的種類，若是使用小型或中型的飼養容器，可以利用聚光燈型或螢光燈管；大型的飼養容器則建議使用爬蟲類專用的金屬鹵素燈。

採取較寬敞的水域時，為了淨化水的髒污、減少換水的頻率，最好安裝過濾器。使用過濾器時，必須有某程度的水深。重點是將水深調整到可以完全蓋過過濾器的深度。

另外，在此介紹的是利用水族箱的設置例，但就算使用的是收納箱，基本的設置法還是沒有改變。

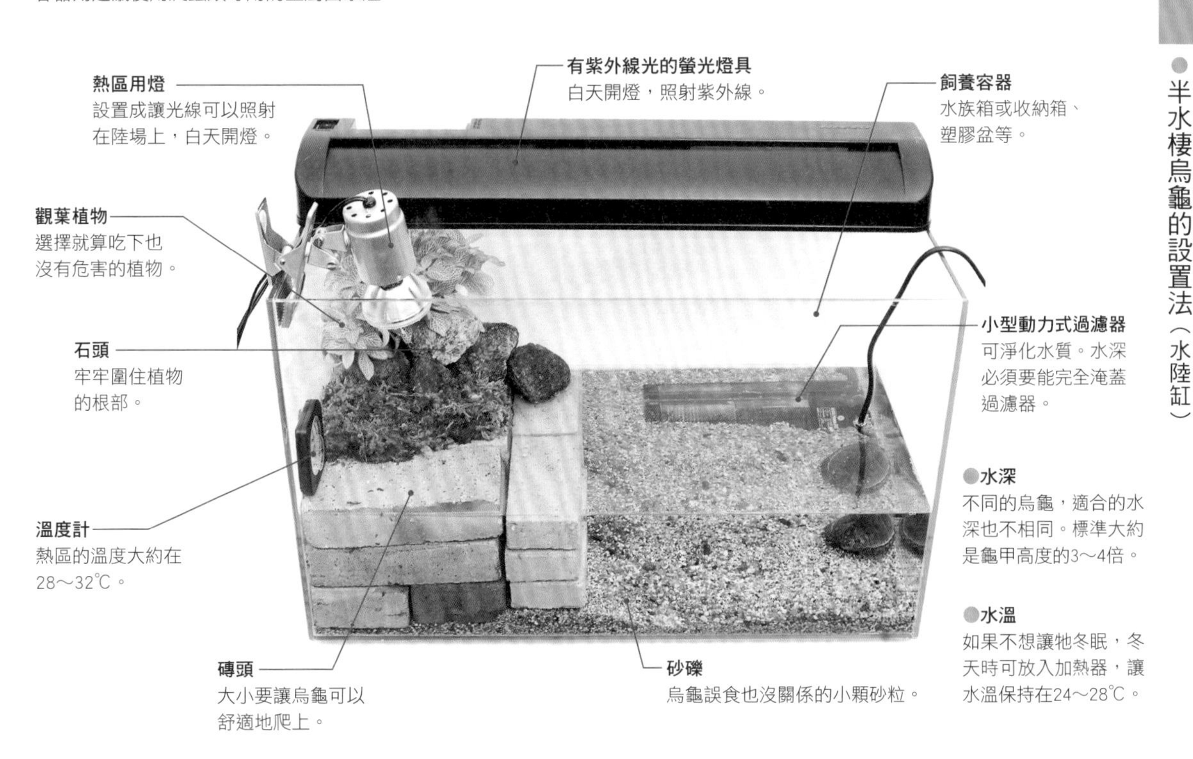

種植植物，享受綠意

飼養地圖龜或動胸龜等肉食傾向強的小型烏龜時，建議種植植物。草食性強的種類會把植物吃掉，所以不可以使用有毒植物（黛粉葉或海芋等），建議使用比較安全的蕨類或是椰科類植物。另外，因為可能噴灑過農藥，所以請充分清洗後再種植上去。

種植植物時，可以使用水苔等覆蓋在陸地的地基部分，上面再鋪上赤玉土或是泥炭土。想要避免土溶入水中，訣竅是將覆蓋地基的水苔鋪厚一點。植物的根部可以用石頭等牢牢圍住，以免被烏龜弄倒。

如果不想用土，也可以用水苔包覆植物的根部，再用線等纏捲上去，做成苔蘚球也OK。

半水棲烏龜・幼龜篇

陸場的高度和角度需多費心思，讓幼龜容易爬上

從金龜、巴西龜、石龜的幼龜開始飼養烏龜的人應該很多吧！

飼養半水棲種的幼龜時，小型水族箱或收納箱都很方便。

陸場的高度和形狀要選擇就連幼龜也很容易攀登的。市面上售有各式各樣烏龜用的陸場製品，可以配合烏龜來選擇。使用石頭或磚塊等也OK。

冬天請利用加熱器來提高水溫。

讓牠做日光浴時

如果要利用陽光讓牠做日光浴，就連同飼養容器一起搬到庭院或陽台。不過，讓烏龜曬太陽時，必須注意溫度的過度上升。不要一直放在室外，視烏龜的情況，一個禮拜約做2～3次，每次進行10～30分鐘左右的日光浴即可。此外，為了讓烏龜能在溫度高和溫度低的地方自由移動，一定要建造陰涼處，這點非常重要。

無法利用太陽做日光浴時，可以設置熱區並照射紫外線的燈光。

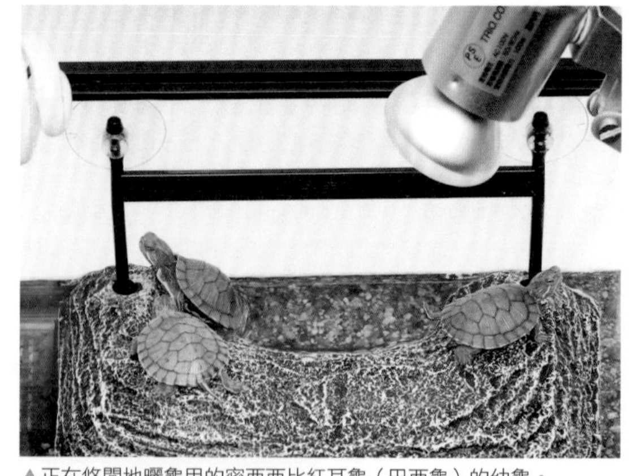

▲正在悠閒地曬龜甲的密西西比紅耳龜（巴西龜）的幼龜。

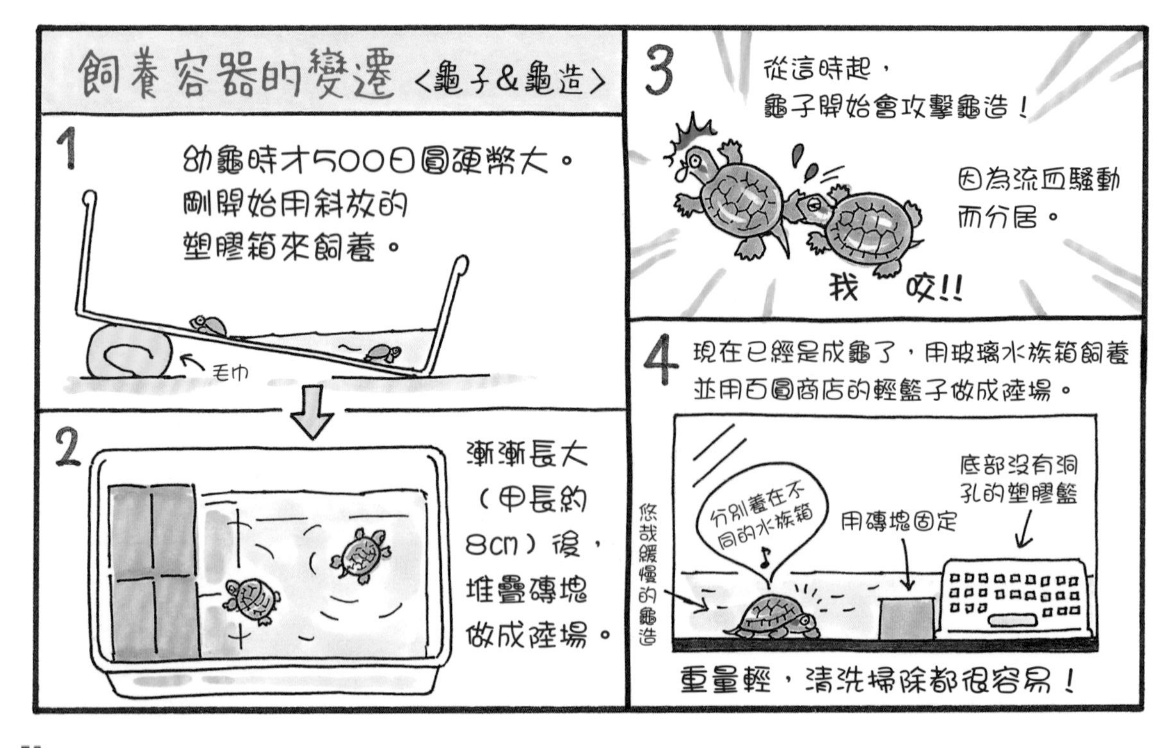

半水棲種 幼龜 的設置例

也可以利用現成的水族箱套組

幼龜的飼養容器一定要設置陸場。陸場可以利用扁平的石塊或薄磚塊、烏龜用浮島等。

砂礫和過濾器放不放都可以。如果要鋪砂礫，觀賞魚用的底砂就可以了。冬天時為了將水溫保持在適當溫度，加熱器和控溫器是必需的。

無法讓烏龜做日光浴時，須準備熱區用燈或是照射紫外線的燈光。在陸場建造熱區時，要避免陸場移動地加以固定。使用浮島時，請加以固定以免浮島移動。幼龜即使爬上去也不容易移動的石塊或磚塊非常方便，建議使用。

至於陸場，為了讓幼龜容易攀爬上去，需要多費心思，從水中開始就呈斜坡般地傾斜設置。在水深上，如果要設置過濾器或加熱器時，水深要稍微淹蓋過這些用品。

飼養半水棲種的幼龜時，市面上販售的水族箱套組也很方便。將水族箱、過濾器等最低限度必需的器具包裝在一起的飼養套組，價格也很合理。不過因為大多沒有附加加熱器、紫外線燈或熱區用燈等，所以請依飼養環境另外購買必需的器具。

紫外線燈
設置成讓光線可以照射到陸場。螢光燈管型的也可以。要選擇適合水族箱大小的產品。

陸場
設置成容易攀登、不會浮動的狀態。這裡使用烏龜專用的浮島。

熱區用燈
設置成讓光線可以照射到陸場。溫度要在28～32℃。

幼龜
幼龜時可以複數飼養，但長大後可能會打架。如果是複數飼養，請預先考慮好成龜後的情形。

水中過濾器
不使用也沒關係，但使用有助於水質的淨化。

水族箱
小型的也OK。

砂礫
使用烏龜吃進去也容易排泄出來的小顆粒。不放也沒關係。

●**水深**
不善游泳的種類須注意水不要太深。幼龜時大概是站起來後鼻尖可露出水面的程度。

●**水溫**
冬天利用加熱器，保持在24～28℃即可。

Point

重點 ❶
飼養容器是小型的，所以熱區用燈也請選擇小型水族箱用的。

重點 ❷
放入加熱器時，要避免從水中露出。照片中是不需要控溫器的烏龜用定溫式袖珍型。

重點 ❸
準備幼龜能夠輕易攀登的陸場。

水棲烏龜的設置法（水生缸）

以水域為主，但有些種類也需要陸場

中華鱉喜歡潛藏在砂中。

中華鱉和楓葉龜、豬鼻龜等都包含在這個族群中。共通點是水域要寬敞，不過依是否曬龜甲或是否擅長游泳等，準備的環境也會有差異。

水棲烏龜・成龜篇

中華鱉、楓葉龜、豬鼻龜……陸場和水深的安排。

水棲烏龜的飼養形式有 3 種

水棲種的飼養環境，大致分成3種型態。

第一種是中華鱉等喜歡曬龜甲的類型，第二種是楓葉龜或鱷龜等幾乎都在水中生活的類型；至於第三種則是像豬鼻龜一樣完全在水中生活的類型。

在各自的飼養方法上，需不需要建造陸場或是適合水深方面雖然稍有不同，基本的設置卻是相同的。

本書主要是以使用器具最多的中華鱉的設置例來進行解說，但只要從中華鱉的設置例中拿掉陸場和熱區，水深做成伸展脖子時能夠觸及水面的程度，就成了楓葉龜的設置例。若是再將楓葉龜設置例的水深加深，創造足夠四處游動的空間，就成了豬鼻龜用的飼養環境了。

利用過濾器維質水質

進行水棲種的設置時，最重要的是過濾器（過濾裝置）。就半水棲種來說，有時可能不會使用，不過水棲種因為水量多，為了維持水質，過濾器是必需的。但是在飼養水深較淺型的幼龜時，並不用放入過濾器。

飼養鱉類時，可以利用磚塊等來建造陸場。

Point

重點 ❶
聚光燈請選擇防滴規格的製品。照片是燈頭部分有密封機能的製品。

重點 ❷
中華鱉的幼體和楓葉龜要以較淺的水深來飼養。此時以能夠橫置使用的投入式動力過濾器比較方便。

水棲種 成龜 的設置例……中華鱉

中華鱉的飼養，底砂是重點

水棲種的烏龜，因為加入飼養容器的水量較多，所以一般都使用水族箱或是收納箱。較大的個體，使用附有水栓塞的大塑膠盆或是鯉魚用的樹脂製水池也很方便。

中華鱉平常大多會潛入砂中，所以要放入底砂。底砂請使用不會傷到烏龜身體、沒有稜角的河砂或是海砂，鋪上烏龜可以完全潛入的厚度。

水深大約為烏龜站立伸長脖子，鼻端就能露出水面的程度。因為水位低，所以過濾器以小型的投入式動力過濾器或是外部式動力過濾器為佳。

由於中華鱉會曬龜甲，所以要設置陸場。不需要像半水棲烏龜般設置完全的陸場，只要用磚塊或是流木等建造小小的陸地就OK。

熱區就設置在陸地上。照射紫外線時，可以使用螢光燈具照射整個水族箱，或是將陸場建得稍大一些，與熱區錯開來照射紫外線燈。

冬天時，請準備管理水溫用的加熱器和控溫器。

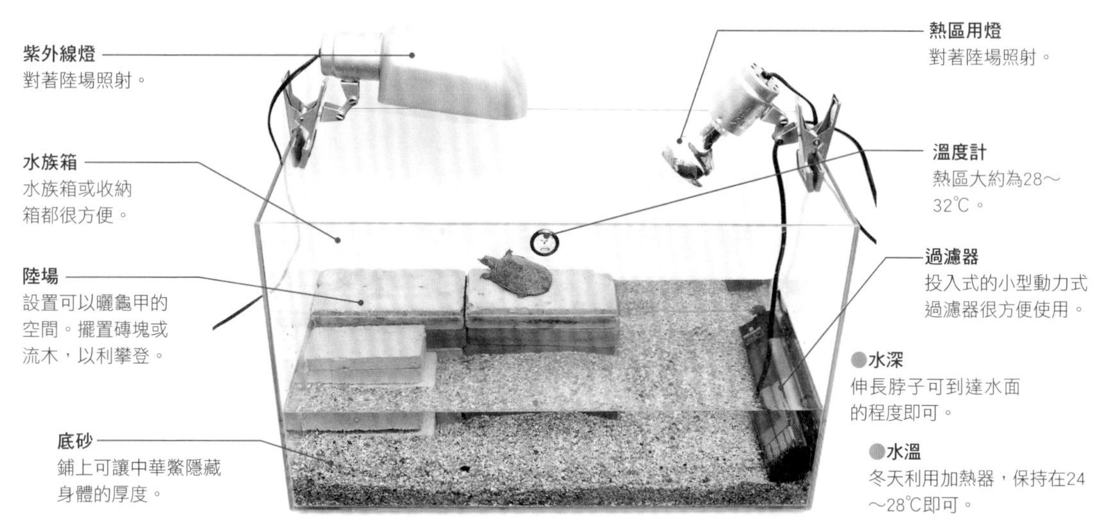

飼養楓葉龜等時

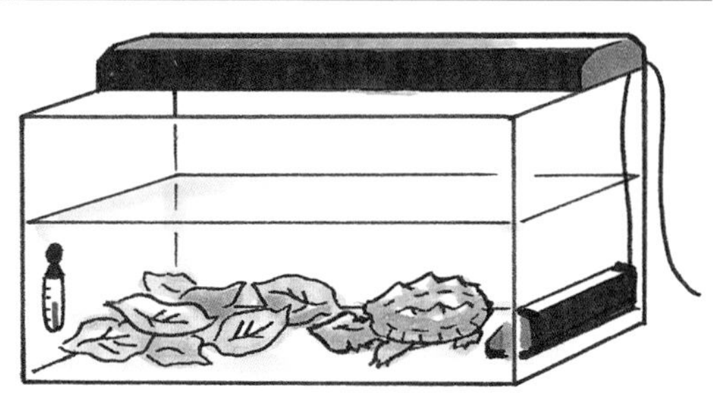

飼養楓葉龜或鱷龜時，就要從中華鱉的飼養環境中去除陸場和熱區。不加入底砂也沒關係。楓葉龜是以擬態成枯葉的烏龜而有名的，只要放入大片的枯葉，就可欣賞到其擬態的模樣。將枯葉浸泡在水桶中約一個禮拜（中間約換一次水），再將去除澀液的枯葉放入水族箱中即可。

飼養豬鼻龜時

飼養豬鼻龜時，就要從中華鱉的飼養環境中去除陸場和熱區，並且加深水深。豬鼻龜不曬龜甲，非常擅於游泳。過濾器大致上可以使用熱帶魚用的，底砂加不加入都可以。

中華鱉和楓葉龜的水深要淺一點

水棲種幼龜的飼養，基本上除了飼養容器較小之外，其他和成龜的設置都相同。中華鱉和楓葉龜的幼龜，水深要淺一些；至於豬鼻龜，因為從幼龜時就擅長游泳，所以飼養形式和成龜相同就可以了。在水棲烏龜的幼龜飼養上，小型收納箱或水族箱都很適合。

需要過濾器和加熱器嗎？

由於飼養容器小，水深又淺，所以不使用過濾器也OK。不使用過濾器時，每個禮拜都要進行清掃容器和換水1～2次，以保持清潔。使用過濾器時，建議使用氣泵式的小型過濾器或是小型的水中過濾器。

冬天的保溫，如果水深較深時，可以利用水中加熱器和控溫器；如果是幼龜，水深較淺時，建議使用加熱保溫墊。

▲在長有苔蘚的石頭上曬龜甲的中華鱉幼龜。

比較容易清掃的設置是？

水棲種幼龜的飼養，重點在於水族箱內要儘量簡單，以便清掃維護。中華鱉等會曬龜甲的烏龜，陸場只要放置石頭或薄磚塊，清掃的時候便能立刻取出。

Point

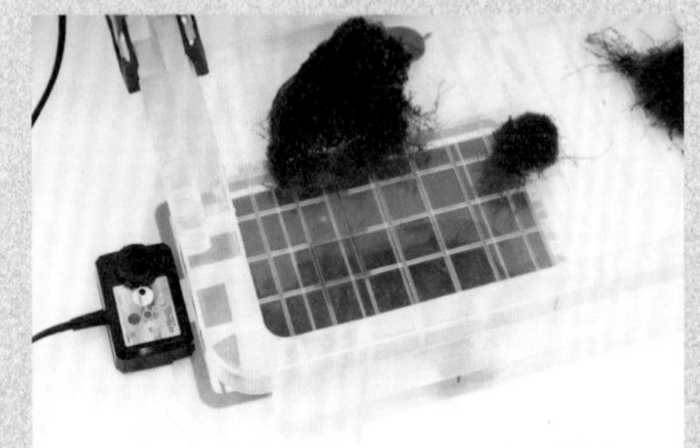

重點 ❶

飼養中華鱉或楓葉龜等的幼龜時，水深要淺一些，讓鼻尖能露出水面。在冬天的保溫上，大多無法使用水中加熱器，所以將加熱保溫墊墊在飼養容器底部就很方便。不需要另外取出，讓清掃作業更輕鬆。

重點 ❷

陸場只需放置石頭或薄磚塊等，清掃上很輕鬆。照片是長有苔蘚的石頭，外觀感覺很自然，烏龜吃了也不會有問題。

水棲種 幼龜 的設置例………中華鱉

不放入砂礫的簡單佈置

下面是飼養中華鱉幼龜的設置例。使用小型的飼養容器就可以了。照片中是使用比較淺的收納箱。

考慮到維護的容易度，容器內不放入底砂和過濾器。中華鱉成龜的飼養容器中要放入底砂，不過幼龜時就算不放入底砂也能飼養。

冬天時用來提高溫度的加熱器，可以在容器下面安裝加熱保溫墊。曬龜甲的陸上部分使用長滿苔蘚的石頭，在簡單的設置中呈現出自然的感覺。陸上部分在遠離的場所設置2處以上，一處使用小型聚光燈打造成熱區，另一處則照射紫外線燈。

清掃時，只要拿開石頭和燈，將幼龜移到其他容器中，就可以輕易地清洗整個容器並進行換水。即使不使用過濾器，也能輕鬆飼養。

飼養楓葉龜等時

※豬鼻龜幼龜的設置和成龜相同（P61）即可。

飼養楓葉龜和鱷龜等的幼龜時，除了使用小型容器之外，基本上的設置和成龜相同。水深為幼龜伸長脖子可以到達水面的程度。冬天的保溫使用加熱保溫墊就很方便。

陸棲烏龜的設置法…陸生缸❶

以陸場為主，但也要準備小水域

在陸場散步的食蛇龜。

食蛇龜和地龜科等都包含在這個族群中。有些種類棲息在近似完全陸棲種的環境，有些種類則生活在水邊，所以須配合其生活環境來準備適合的水域。

陸棲烏龜・成龜篇

閉殼龜和地龜科的同類，陸場請設置水盤

陸棲種大致可分為2種，其中一種的生活環境和喜愛濕度的完全陸棲種（紅腿象龜等）的生活環境非常類似，另一種的生活環境則比較偏向在水邊生活但陸棲傾向強的半水棲種（果龜等）。前者中陸棲傾向強的品種有：三趾箱龜、食蛇龜等；後者中半水棲傾向強的品種則有：斑腿木紋龜、三稜黑龜等。

這2種族群在設置上不同的只有水域空間的大小差異而已，其他基本上都是相同的。

用水盤的大小來變化

右頁所介紹的是水盤稍大、能夠對應任何一種的飼養設置例；不過實際飼養時，最好還是依照烏龜的生態來調節水域的大小。不管是哪一種，飼養環境的最大重點都在於濕度的維持。設置水盤，並使用容易保濕的墊材，就是成功的秘訣。

◀進入水盤做水浴的食蛇龜。

陸棲種 成龜 的設置例

鋪上厚厚的墊材

飼養容器建議使用可以維持濕度的收納箱或是水族箱。陸上部分則要整體厚厚地鋪上水苔或是腐葉土。

水族箱內要設置水盤。最好是深度約可讓身體浸泡到一半、稍大一點的容器。陸上部分的一處要放置大小可讓烏龜乘坐上去的平坦石頭或磚塊等，並在該處設置熱區。

食蛇龜或太陽龜因為有鑽入墊材中的習性，所以不需特別設置小屋。如果墊材鋪得不夠厚，或是飼養三趾箱龜等少有鑽入習性的種類時，小屋（P53）就是必需的。小屋要設置在遠離熱區的地方。在紫外線燈方面，可在觀賞魚用的螢光燈具上安裝爬蟲類專用UV螢光燈管，或是利用夾式的燈具等，在白天的時間照射。

冬天的保溫上，要使用加熱保溫墊或保溫燈泡。設置加熱保溫墊時，請安裝在水盤和小屋的一部分之下。

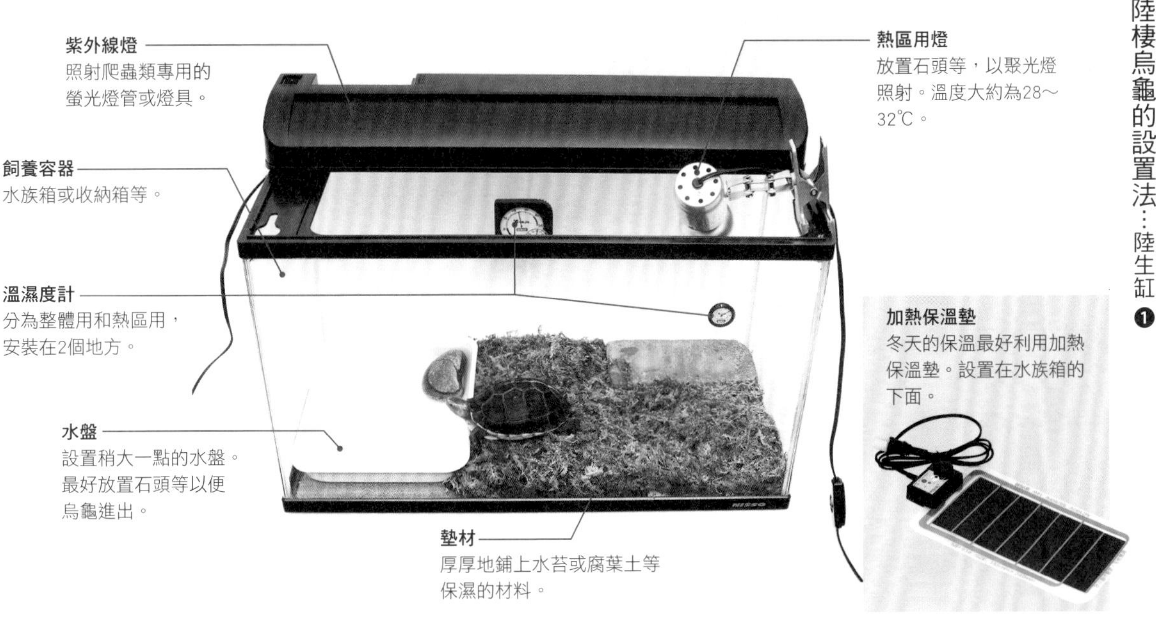

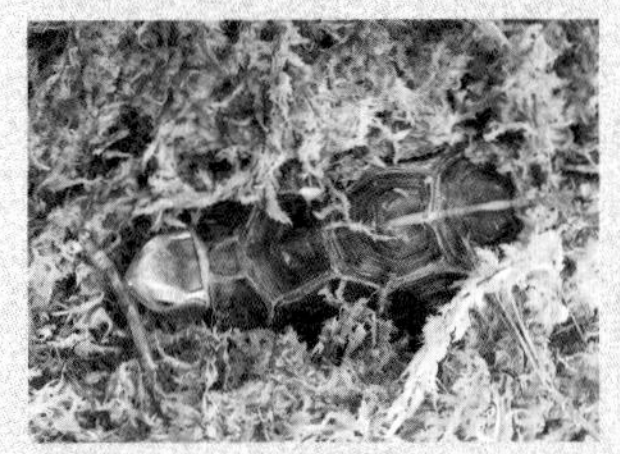

重點 ❶
墊材使用水苔或腐葉土等可以保濕的材料。也可偶爾使用噴霧器等來保持潮濕。

重點 ❷
由於墊材比較潮濕，所以要設置平坦的石頭讓烏龜可以乾燥身體，將此處設為熱區。

小屋

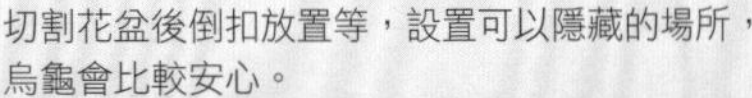
切割花盆後倒扣放置等，設置可以隱藏的場所，烏龜會比較安心。

陸棲種・幼龜篇

使其習慣小型飼養容器後 再移動到有陸場的容器中

陸棲種的幼龜大多難以照顧

由陸棲種的幼龜在剛帶回家中時大多比較神經質，所以在牠習慣之前，飼養環境非常重要。先在如下方插圖般只有加入少量水的小型塑膠箱或是收納箱中照顧，等牠習慣新環境、進食狀況也變好後，再以如右頁般的設置來飼養。

突然把烏龜放進有陸場和水盤的飼養容器中，多半會發生一直藏在墊材中不出來，或是找不到食物而變衰弱的情形。

已經習慣新環境的個體，可以採取和成龜一樣設置有陸場和水盤的型式來飼養，但在成長到某個程度的大小之前，繼續用小型的收納箱等飼養也沒關係。

注意不要被夾在隙縫間

陸棲種的烏龜大多具有潛藏在枯葉或流木下的習性，也經常會鑽入石頭間或流木等的隙縫間。成龜的力氣大，就算被夾在隙縫間，自己也能脫身，不過幼龜就必須注意，有些狀況可能無法自行脫身。所以設置時要注意避免出現可能會夾到烏龜的情況。最好不要放入流木等，比較讓人安心。

▼食蛇龜等陸棲種的幼龜大多比較神經質，須注意。

讓幼龜習慣新環境

陸棲種的幼龜大多比較膽小。尤其是食蛇龜和黃額閉殼龜等的幼龜，在剛帶回家中時，經常出現不太進食的情形。

剛帶回家中時，暫時以小型容器的簡單環境讓牠習慣新生活是非常重要的。

飼養容器建議使用小型收納箱或是塑膠箱、水族箱等。此外，不要加入墊材以免牠躲起來，只要放入約可浸泡半個身體的水即可。

在牠願意進食之前，就用這樣的環境來飼養。

冬天必須保溫時，小型容器若是使用保溫燈泡可能會讓溫度過度上升。這個時候，最好是在較大的保麗龍箱或是收納箱中放入加熱保溫墊，再將小型的飼養容器放入裡面。

另外，照射紫外線燈時，為了讓飼養容器的一半形成陰影，可以使用塗黑的蓋子等先遮光後，再進行照射。

陸棲種 幼龜 的設置例

方便讓幼龜進出水域

等到幼龜習慣、願意進食後，就以有陸地和水盤的設備來飼養。這時可以利用較淺的收納箱，也可以使用水族箱等。

在陸場中鋪上稍厚的水苔或腐葉土等，放入水盤。熱區放置平坦的磚塊，要緊貼著水族箱面，以避免幼龜夾入。白天也要照射紫外線燈。

水盤如果太深會讓烏龜無法爬出來，所以必須另外設置斜坡等。

冬天要利用保溫燈泡或加熱保溫墊來維持適當的溫度。

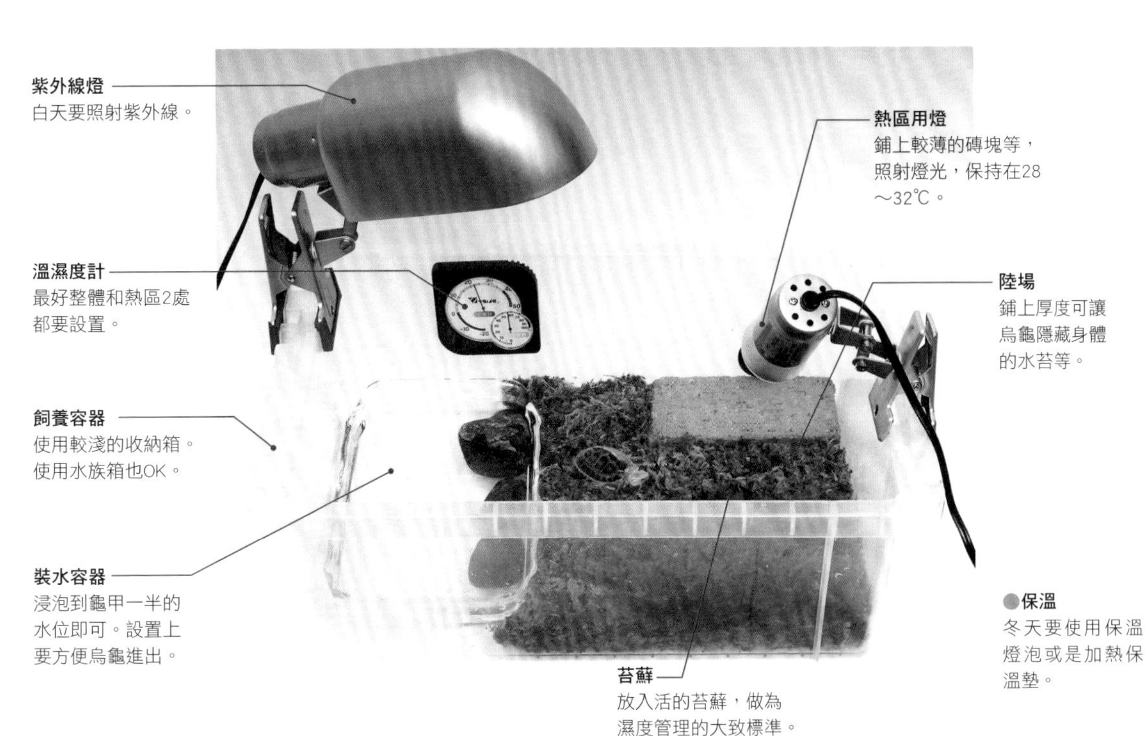

Point

為了避免幼龜鑽進隙縫間，最好讓熱區用的石頭和水盤都緊貼著飼養容器的壁面。

秘訣！

飼養幼龜時，放入活的苔蘚有助於了解濕度狀態。苔蘚如果乾燥捲曲，就表示濕度不足。請調節溼度，讓苔蘚呈現鮮活水嫩的狀態吧！

準備寬敞的陸場，設置小型的水盤

包含歐洲陸龜、星龜、紅腿象龜等的這個族群，要以陸場為主，並且設置身體可以進入的水盤。選擇適當的飼養容器和不會過度乾燥的墊材，就是飼養成功的要點。

紅腿象龜的幼體喜歡多濕的環境。

完全陸棲種（標準型）・成龜＆幼龜篇

依種類為烏龜選擇不會過度乾燥的飼養容器和墊材

一般的完全陸棲種並不需要太在意濕度，不過，最好還是避免極端的乾燥和多濕。另外也要配合身體的大小，準備寬敞的容器。

飼養完全陸棲種的標準型，重點在於使用不會過度乾燥的飼養容器。不要用爬蟲類用的兩側有網孔、透氣性佳的容器或是較淺的容器，而是要用水族箱或收納箱等容易保持濕度的容器，會比較容易管理。只不過，使用空氣流通不佳的容器時，要拿掉蓋子以確保透氣性。完全上蓋的話，可能會變得過度潮濕，造成食物腐敗或是墊材發霉。最好保持適度的透氣，經常更換墊材。

依種類分別使用不同的墊材

最普遍使用的墊材是赤玉土。飼養標準型中喜歡濕度的種類（紅腿象龜、摺背陸龜、黃頭象龜等）或幼龜時，可以利用容易保持濕度的腐葉土或椰殼墊等；反之，不太需要濕度的赫曼陸龜或歐洲陸龜等，就要使用赤玉土或顆粒型的墊材。

飼養環境要有寬敞的陸場，水域則要準備大小可容納身體進入的水盤。

Point

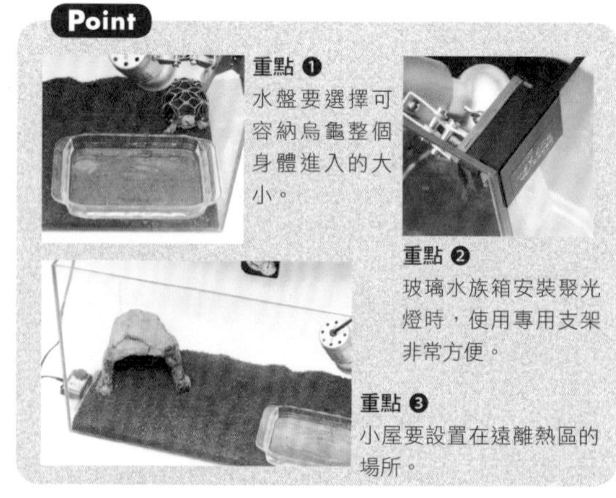

重點 ❶
水盤要選擇可容納烏龜整個身體進入的大小。

重點 ❷
玻璃水族箱安裝聚光燈時，使用專用支架非常方便。

重點 ❸
小屋要設置在遠離熱區的場所。

◀飼養幼龜時，要使用椰殼墊等防止乾燥。

完全陸棲種（標準型）的設置例

成龜

這是利用水族箱的設置範例。如果使用爬蟲類用透氣性佳的飼養容器或是較淺的容器時，墊材就要使用腐葉土或椰殼墊等容易保持濕度的材料，以防止乾燥。紫外線燈使用爬蟲類專用的UV螢光燈管或燈具。使用2燈式的器具時，可以1支是UV燈，另1支則採用觀賞用的照明燈。

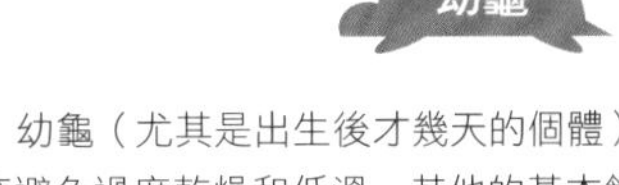

幼龜（尤其是出生後才幾天的個體）不耐乾燥和低溫，因此應避免過度乾燥和低溫。其他的基本飼養環境和成龜相同即可。不過，在幼龜時，請以配合身體大小的小型飼養容器來飼養。萬一以太大的容器飼養，或是在庭院、室內放養的話，幼龜可能會無法找到食餌或水浴場，須注意。

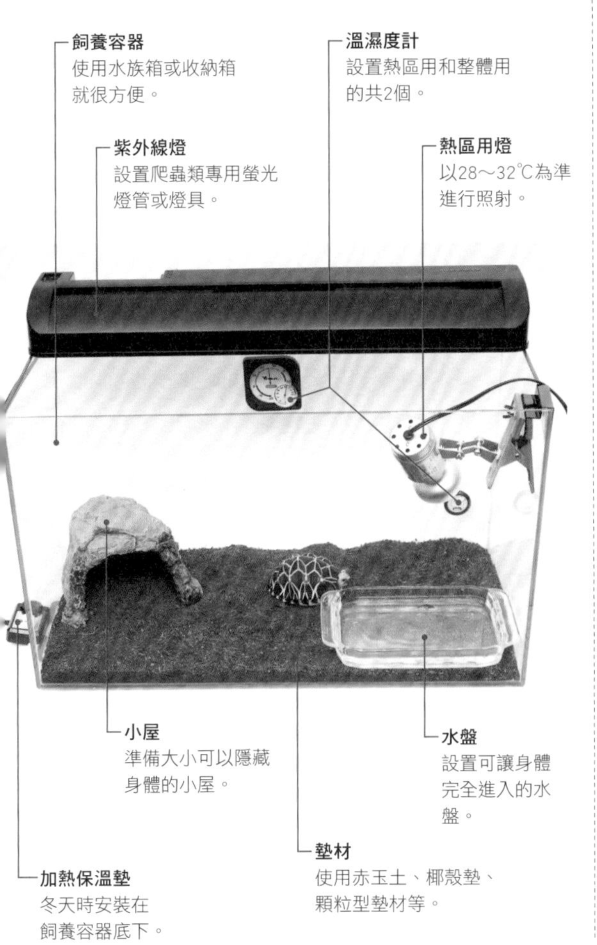

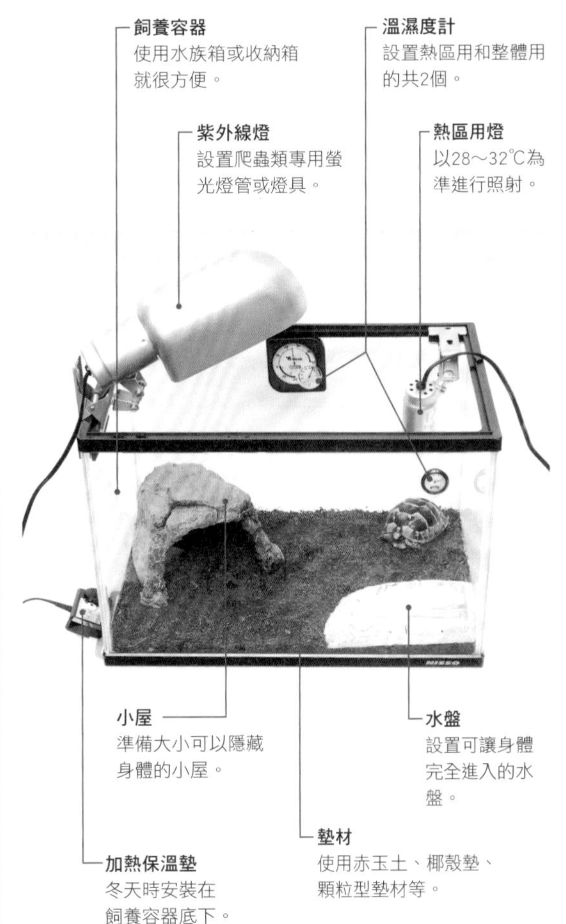

完全陸棲（乾燥型）烏龜的設置法…陸生缸❸

管理溫度和濕度，避免濕氣過多

包含四趾陸龜、蘇卡達象龜、豹紋陸龜等在內的這個族群，是不喜歡多濕環境的陸龜們。有效地管理溫度和濕度，就是讓飼養成功的重點。

喜歡乾燥環境的四趾陸龜。

完全陸棲種（乾燥型）・成龜＆幼龜篇

準備透氣佳的飼養容器，做出溫度梯差也很重要

喜歡乾燥的完全陸棲種的飼養容器，最常使用的除了爬蟲類用的透氣佳的類型之外，還有收納箱、塑膠盆等。墊材則要鋪上赤玉土或爬蟲類專用砂等容易乾燥的材料。

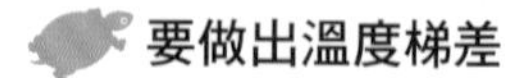

要做出溫度梯差

熱區是要在約可容納烏龜整個身體的範圍內照射。為了在飼養容器內做出溫度梯差，請儘量設置在角落部分。紫外線燈要與熱區錯開，在白天照射。小屋則設置在遠離聚光燈的場所。

水浴用的水盤要小一點，以免飼養容器的濕度上升；但若想讓牠做溫浴（P97），就算不放入水盤來飼養也沒關係。

梅雨到夏天是容易變得高溫多濕的時期，最好活用空調或冷卻風扇（P53），來控制濕度和溫度。

想要適當地管理飼養容器內的溫度和濕度，必須有溫度計和溫濕度計。溫度計負責測量熱區下的溫度，溫濕度計則負責監測整個飼養容器內的濕度和溫度。

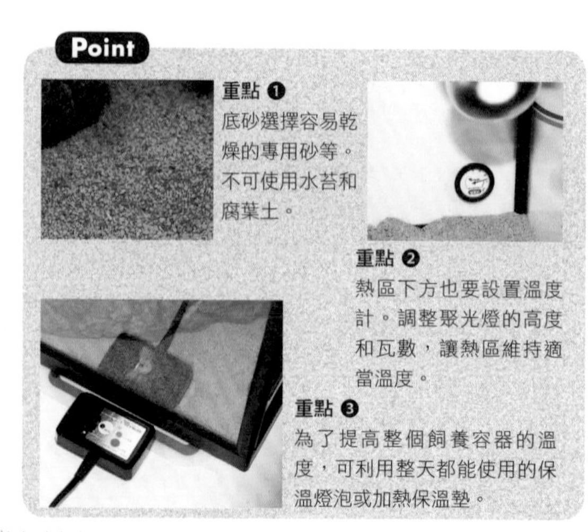

◀蘇卡達象龜是棲息在乾燥地帶的陸龜。

完全陸棲種（乾燥型）的設置例

成龜

成龜要利用透氣佳的飼養容器。在此是鋪上約3cm厚的乾燥型陸龜專用砂。飼養容器的一側是熱區用燈，另一側則設置小屋。準備稍大一點的小屋，冬天要在水族箱下面設置加熱保溫墊時，可以與一部分的小屋重疊。

即使是喜歡乾燥的完全陸棲種，在幼龜時也不能過度乾燥。飼養容器要使用水族箱等，設置稍小一點的水盤，控制濕度以防過度乾燥。不過，濕氣太多也不好，要特別注意不可悶濕。至於其他方面，紫外線燈和熱區、小屋等的設置都和成龜相同即可。

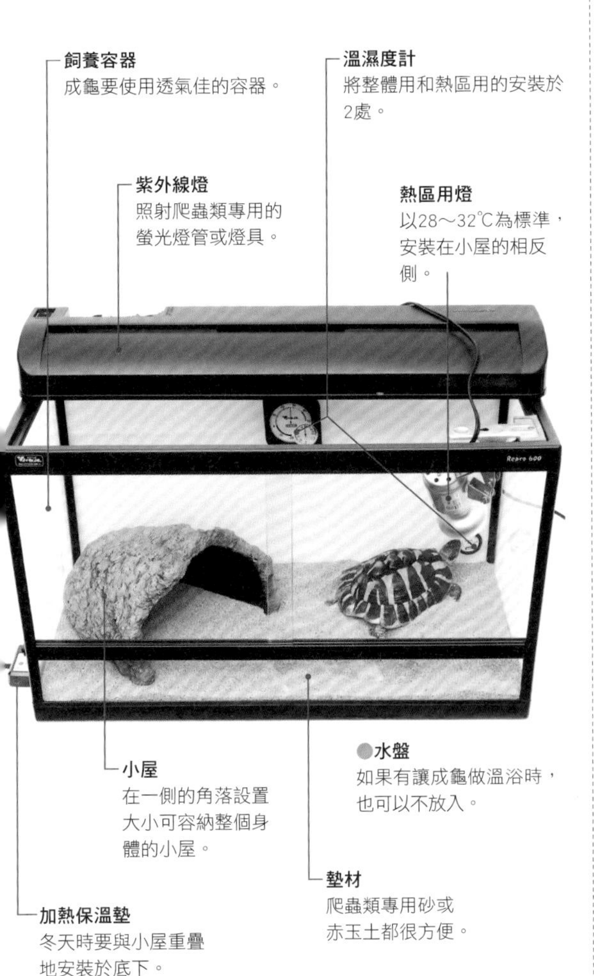

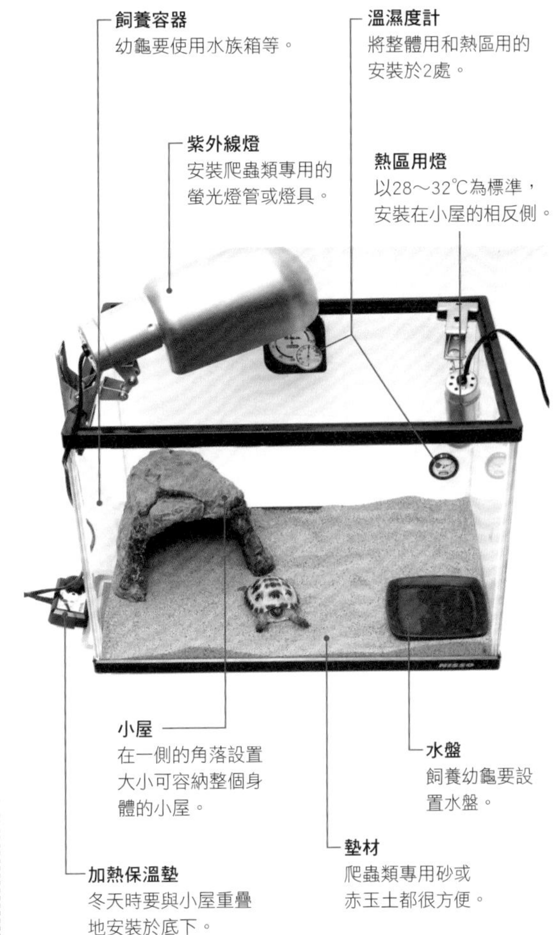

在庭院飼養時要做好預防逃跑和外敵、陰影對策！

家中如果有庭院的話，
何不將庭院做為飼養空間看看？
不過，僅限於氣溫舒適的夏天。
以更進一步的飼養形式來提高
烏龜的生活環境水準！
觀察烏龜悠閒生活的樣子吧！

在庭院裡散步的蘇卡達象龜。

在庭院飼養烏龜

從初夏到秋天，讓烏龜在庭院裡遊玩

家裡有庭院時，不妨給烏龜當作夏日限定開放的空間。不過，屋外容易變得高溫，所以不耐高溫和乾燥的陸棲種烏龜只能做短時間的散步，並不適合養在屋外。

平常在室內飼養容器這種有限空間裡飼養的烏龜們，一旦被放至廣闊的空間，會表現出和平常不同的悠閒姿態。小步小步地走著，或是啄著雜草，或是沐浴在陽光下，悠閒地做日光浴的模樣，真的非常可愛。

還有，不讓牠24小時都在庭院生活，僅在能夠看顧到的時候或是白天時放牠出來外面，夜間回到室內的飼養容器也是可以的。

Point

重點❶ 脫逃對策

烏龜全都是挖洞高手。在圍牆或牆壁下方，請先埋入深度超過40cm的水泥塊或石塊等。

重點❷ 外敵對策

如果是小型烏龜，必須採取避免貓或烏鴉等外敵侵入的對策。將飼養空間完全用圍牆或網子，連上方都圍起來比較讓人安心。

重點❸ 高溫對策

夏天的日照強烈。在高溫和紫外線對策上，必須要有能讓烏龜躲避的大一點的小屋和水域。此外，也可以利用遮簾等，搭建出寬敞的日陰處。

半水棲種的飼養例 庭院篇

完全陸棲種的飼養例
庭院篇

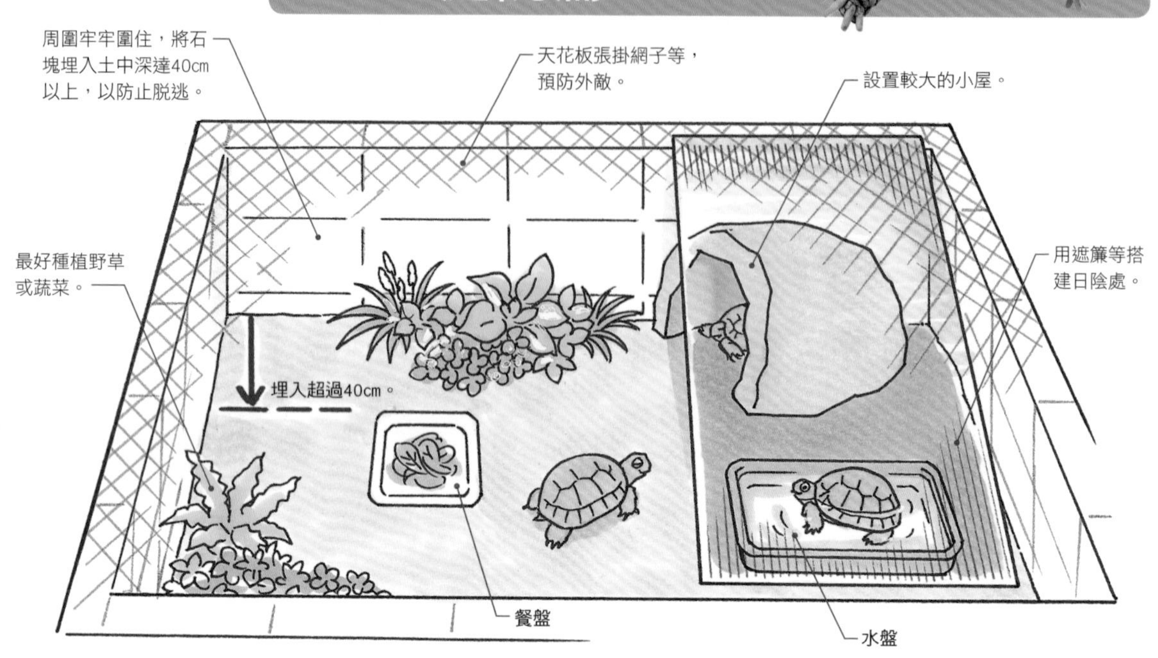

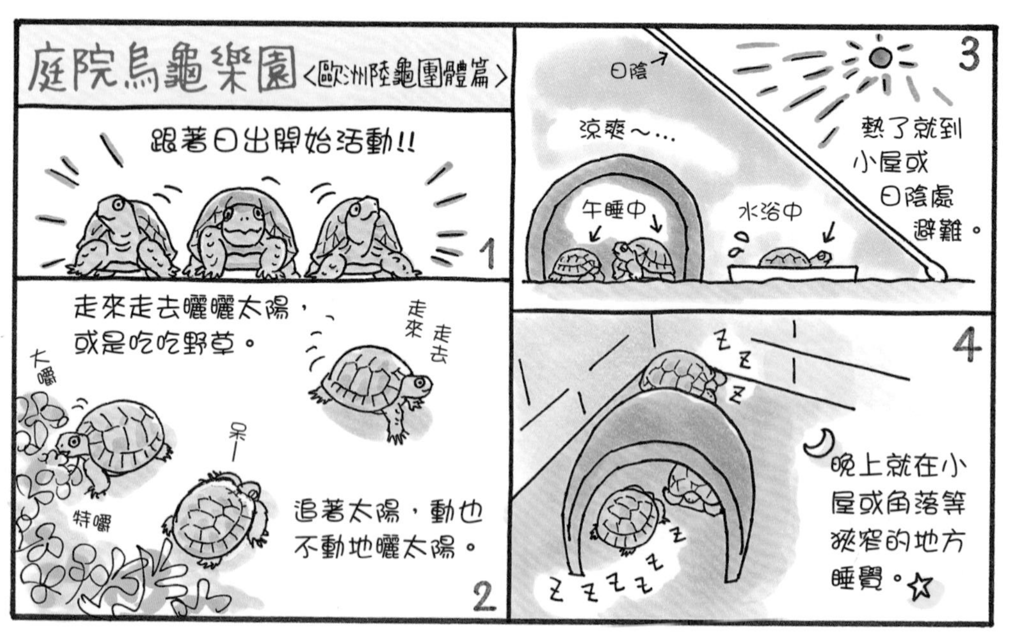

輕鬆自在飼養篇❷…陽台烏龜樂園

在陽台飼養時要做好預防逃跑和高溫對策！

也很推薦在陽台建造烏龜的飼養空間，
讓牠在該處散步、進行飼養。
有時曬曬太陽，有時散步或游泳。
不過因為溫度容易變高，
所以要有完善的陰影和脫逃對策！

不耐乾燥的烏龜，僅限於讓牠散步的程度。（紅腿象龜）

在陽台飼養烏龜

將陽台做為飼養烏龜的空間！要搭建日陰處，注意避免讓牠逃脫

就算沒有庭院，也有很多人巧妙地活用陽台，享受愉快的烏龜生活。

陽台的飼養和庭院一樣，僅限於夏天。不過，因為和庭院比起來，陽台更容易變得高溫，而且通風佳，往往會過度乾燥。因此不耐高溫和乾燥的陸棲種或完全陸棲種的烏龜並不適合在陽台飼養，但是短時間的散步或曬太陽是OK的。

飼養半水棲種時，請先確認陽台的格局和強度能否設置水池或水域。

要有萬全的逃脫和掉落對策！

在陽台飼養烏龜時，最須注意的就是烏龜的脫逃。尤其是高樓層，萬一烏龜掉落時，不只是烏龜本身，如果砸到下方的行人，甚至可能釀成大事故。

擔心烏龜會從陽台的圍牆隙縫或是和鄰居的交界處逃脫時，可以排列木製圍籬或石塊、磚塊等，牢固地將隙縫填補起來。磚塊等也可能被烏龜推倒而掉落，所以選擇不會從縫隙間脫落的填補材料是很重要的。

Point

重點❶ 脫逃對策
用圍牆等牢固地填塞隙縫，以防烏龜從陽台脫逃或掉落。

重點❷ 外敵對策
小型烏龜可能會被貓或烏鴉等捉走。用圍籬或網子連天花板都圍起來，比較安心。

安心

重點❸ 高溫對策
直接使用水泥地很容易變得高溫，不妨鋪上木板或是白色系的塑膠地墊等。

半水棲種的飼養例 陽台篇

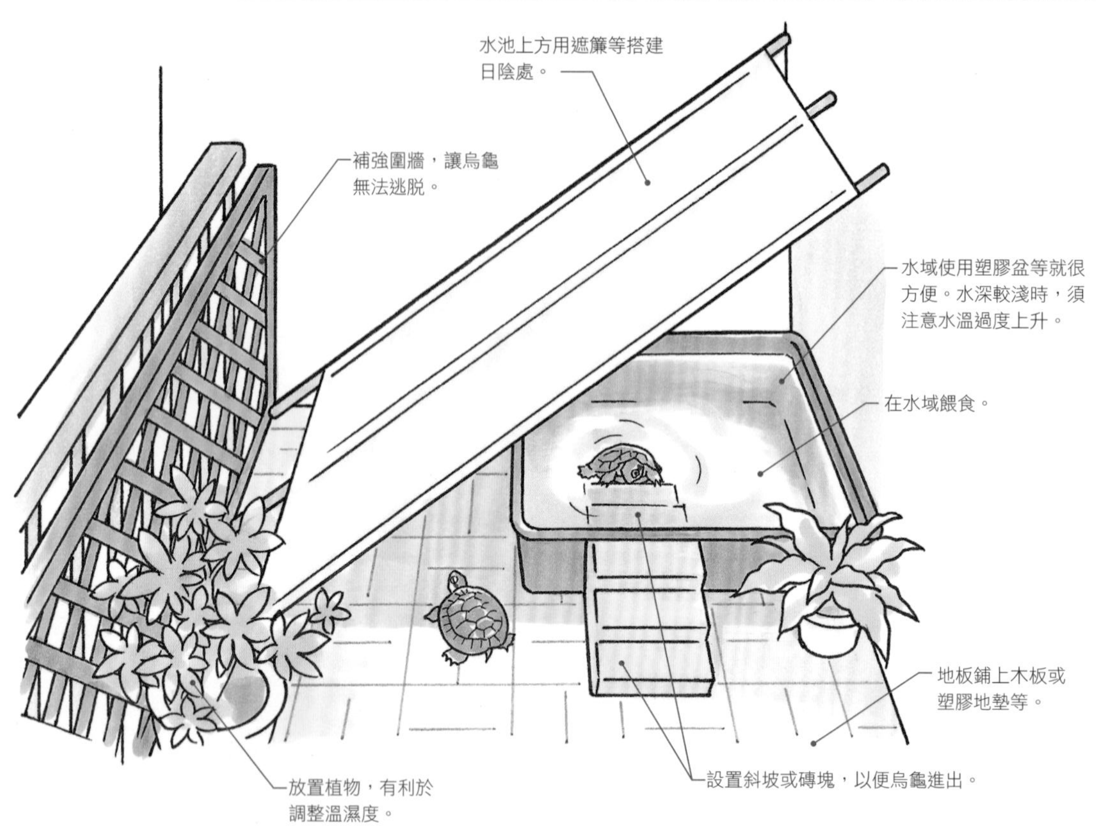

Point

重點●

搭建日陰處

使用遮簾等搭建出寬敞的日陰處，以做為高溫對策。半水棲種的池水可能會因為高溫而變成熱水，要經常檢查，水溫較高時就做更換。

完全陸棲種的飼養例 陽台篇

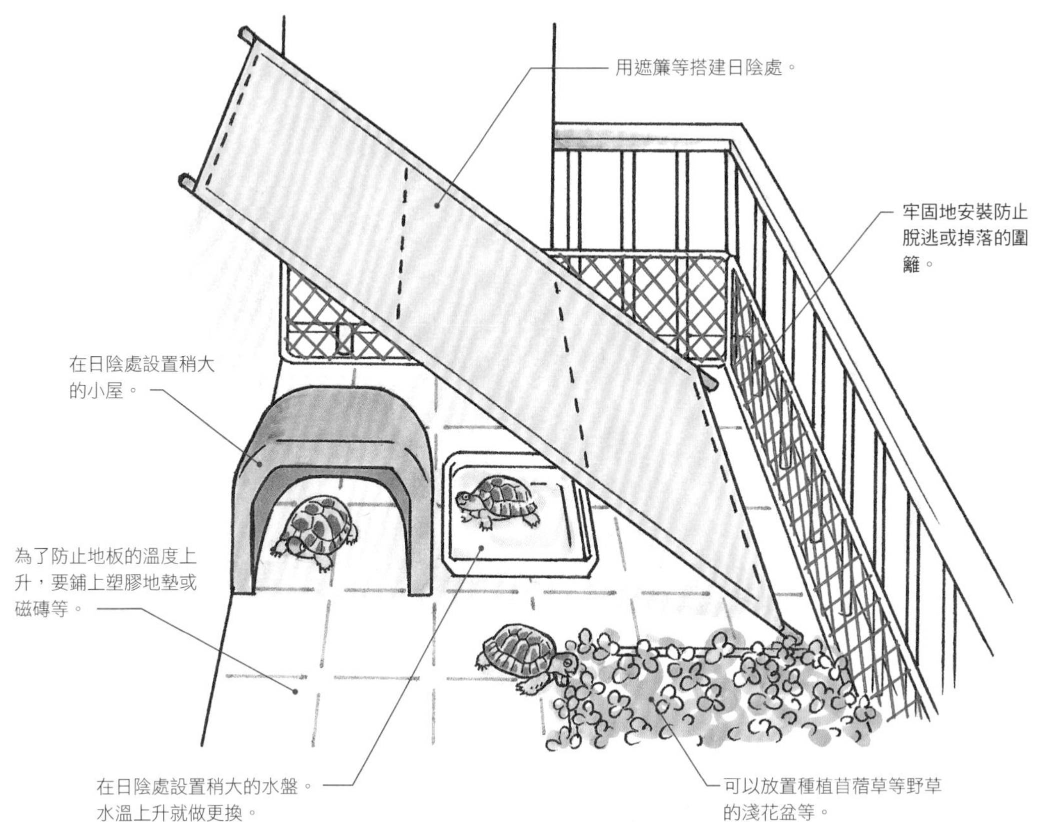

適合在陽台飼養的品種

如果要在陽台飼養，推薦耐乾燥和溫度變化的四趾陸龜或赫曼陸龜等。紅腿象龜或黃頭象龜等喜歡濕度的種類並不適合。

吃著苜蓿草的西部赫曼陸龜。

室內要做出寬敞的空間，飼養陸棲種&完全陸棲種

即使是在房間裡飼養，如果是
陸棲種或是完全陸棲種，也可以
在寬敞的空間內不使用容器地飼養。
因為可以自在悠閒地生活，
烏龜應該也能健康地過日子吧！

悠閒自在地散步的緬甸星龜。

在房間寬敞的空間裡飼養

確實做好溫度管理，在房間裡飼養陸龜們

相較於在庭院或陽台飼養，和烏龜一起生活在室內，具有一整年都可飼養的優點。不過，水棲種或半水棲種等需要大水域的烏龜，基本上還是要以飼養容器來飼養。只要飼養環境容許，還是儘量準備寬敞一點的容器吧！

在這裡要介紹所需水域較小、以陸場為主的陸棲種和完全陸棲種的飼養例。

想在室內玩賞烏龜時，一般的做法是隔出房間的一個角落，做為烏龜的居住區域。其中也有人會將整個房間做為飼養烏龜的空間，飼養大型的完全陸棲種。

溫度管理方面，除了空調之外，冬天時請組合加熱保溫墊或保溫燈泡。

只是散步也 OK ！

另外，就算不設置寬敞的飼養空間，偶爾將烏龜放在室內，讓牠自由地散步也很不錯。這種方法也很建議用在半水棲種上。散步對於消除烏龜的運動不足或壓力是非常有效的。

▲ 緬甸星龜和歐洲陸龜的飼養空間例。

Point

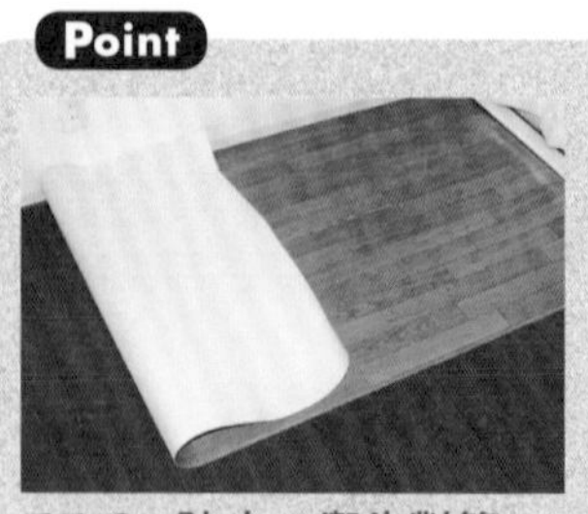

重點 ❶ 防水・衛生對策

地板鋪上防水性高的墊材，不只能保護地板，排泄物等的清掃也會更加輕鬆。

重點 ❷ 配置植物

有效地放置觀葉植物等，就能讓無機質的空間呈現出自然的感覺。

陸棲種的飼養例 室內篇

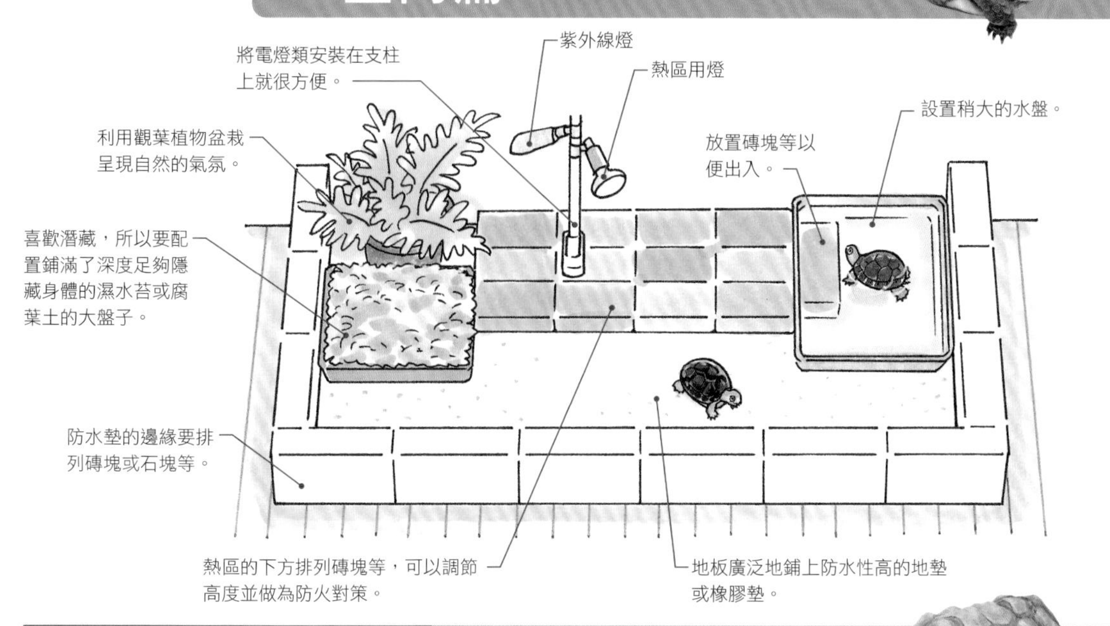

完全陸棲種的飼養例 室內篇

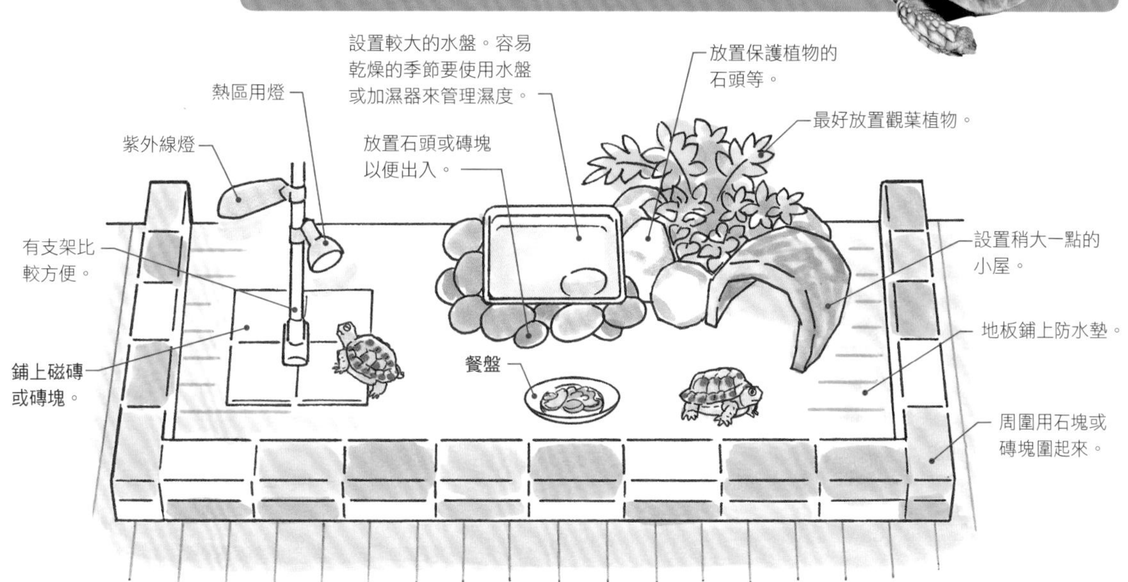

We love Turtle! ⑤

烏龜Q&A 飼養環境篇

Q 市面上販賣的水族箱有玻璃製和壓克力製的，哪一種比較適合烏龜？

A 玻璃製的優點是不易刮傷，壓克力製的則是重量較輕。烏龜和熱帶魚不同，有爪子和龜甲，很容易刮傷水族箱，所以建議使用玻璃製的水族箱。不過，使用超過150cm的大水族箱時，因為玻璃製的重量相當重，所以選擇壓克力製的人似乎比較多。

Q 飼養容器是否要配合烏龜的成長來更換比較好？

A 幼龜雖小，卻會逐漸成長。剛開始使用小型的飼養容器就夠了，待烏龜成長後，最好更換成有充裕空間的飼養容器。想要健康地飼養，重點在於確保烏龜經常可以慢慢步行運動的空間，而且要準備寬敞的飼養環境。

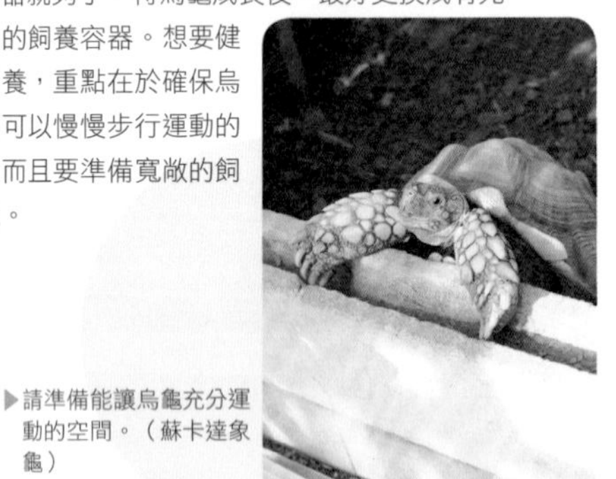

▶請準備能讓烏龜充分運動的空間。（蘇卡達象龜）

Q 半水棲種或水棲種的水，可以直接使用自來水嗎？

A 可以直接使用自來水。不過，水棲種等有些種類的皮膚較為敏感，可以的話，使用已經放置一天的自來水，或是加入熱帶魚和金魚專用的中和劑會比較安心。

另外，換水的時候，如果突然加入冰冷的水，會影響烏龜的身體狀況。最好加入一些熱水，調整到和更換前的水溫相同的溫度後再使用。

Q 旅行時，可以放烏龜獨自在家嗎？

A 成龜一個禮拜左右不進食也沒關係。不過，幼龜或草食性的烏龜（完全陸棲種）最好每天餵食，所以外出時最好還是拜託他人照顧。

Q 可以和其他動物一起飼養烏龜嗎？

A 和貓狗等寵物一起飼養烏龜的人並不少。不過，狗狗啃咬烏龜造成龜甲破損的意外層出不窮，所以飼養上要特別注意。尤其是龜甲尚未變硬的幼龜更需要小心。即使狗狗或貓咪只是想逗著玩，還是可能造成大傷害。

和烏龜一起飼養其他動物時，要和其他動物分開飼養，以免烏龜遭到逗弄。烏龜的飼養容器要加蓋，將烏龜放出來房間時，要先將貓狗等關入其他的房間裡。另外，將烏龜放出到庭院時，除了貓狗以外，也要充分注意烏鴉或老鷹等野鳥。反之，將大型的中華鱉或鱷龜等從容器中放出來時，也請避免讓貓狗進入該場所。

◀▲即使彼此沒有惡意，還是可能發展成打架，要注意。

part
4

餵食和每天的照顧

烏龜的食性依種類而異，
分為草食、肉食、雜食。
雜食性的烏龜，請善加組合
植物性和動物性的食餌來餵食。
在此要介紹各種不同的食餌。

烏龜的食性

草食、肉食、雜食。依種類而有不同的食性

狼吞虎嚥、大口大嚼、津津有味。
烏龜充滿活力進食的樣子，
對飼主來說是幸福的瞬間。
食餌種類依烏龜而有所不同，
所以先來了解烏龜的食性吧！

陸龜的草食性較高。
（蘇卡達象龜）

自然界中烏龜的食性

在野生狀態下都吃些什麼？來了解自己的烏龜吧！

烏龜依照種類而異，所吃的食餌也各有不同。萬一給錯食餌種類或是內容失調的話，可能會造成生病、龜甲成長不良等症狀。

充分了解自己所飼養的烏龜的食性，均衡地給予烏龜喜愛的適當食餌，就是健康飼養的重點。

烏龜的食性有 3 種類型

烏龜的食性大致分為草食性、肉食性、雜食性等3種。

一般來說，完全陸棲種以草食性、水棲種以肉食性、陸棲種以雜食性的傾向較強。半水棲種的種類眾多，所以有草食、肉食或雜食，食性廣泛是其特徵。不過，這終究是族群的傾向而已，即使是相同的族群，也有食性不同的種類。

想要餵食所飼養的烏龜適當的食餌，最重要的就是調查其在自然界中所吃的東西。就以野生狀態下的食餌做為提示，來尋找最適合的食餌吧！

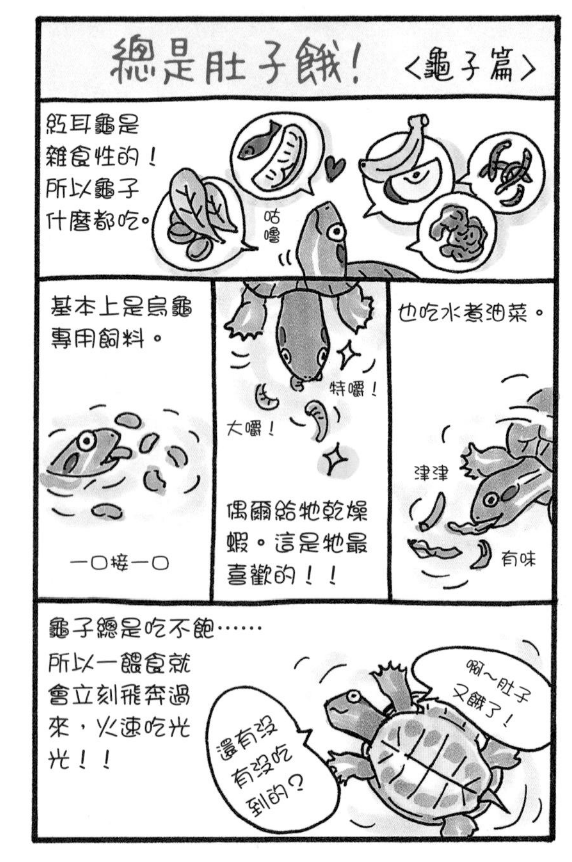

在棲息地都吃些什麼？

半水棲烏龜的食性

以雜食為主，也有肉食或草食

半水棲種是主要棲息在水邊的烏龜，大部分都是雜食性的。不過，其中也有廟龜或三線棱背龜等主要吃水草或落在水面上的果實等草食性強的種類，以及中國大頭龜或蛇頸龜等會吃蝦子或螯蝦等甲殼類和魚類、昆蟲類、兩生類的肉食性種類。

雜食性烏龜的植物性食物主要是水草或落在水面上的果實，這是因為大多數半水棲烏龜都有在水中進食的習性。而雜食性烏龜的動物性食物則似乎大多為甲殼類、魚類、昆蟲類、動物屍骸等。此外，目前已知也有像地圖龜之類喜歡吃螺類的，或是如歐洲澤龜或布氏擬龜般喜歡吃兩生類的種類。

◀密西西比紅耳龜是雜食性的烏龜。

陸棲烏龜的食性

以雜食性的烏龜居多

陸棲種的烏龜大部分是雜食性的，但也有太陽龜等草食傾向強的種類。

生活在森林中等的食蛇龜或黃額閉殼龜、高背八角龜等很少入水的種類，是以昆蟲為主，主要採食蝸牛等陸棲螺類、蚯蚓、動物屍骸、水果等。而經常入水的金錢龜除了昆蟲、蚯蚓、動物屍骸、水果等之外，也會吃魚類或甲殼類、水草等。

▲食蛇龜會吃昆蟲等。

水棲烏龜的食性

肉食傾向強，但也有雜食性的

鱉類或箱鱉、鱷龜、楓葉龜等大多數的水棲種烏龜都是肉食性的。不過，其中也有馬來西亞巨龜或豬鼻龜等雜食性的種類。

鱉類擅長游泳且動作靈敏，喜歡吃甲殼類或水生昆蟲、小魚等。鱷龜的舌頭演變成有如假餌般，具有張開大口引誘小魚過來後將之吃掉的有趣習性。

▲正在吃蝦仁的中華鱉。

完全陸棲烏龜的食性

草食性較強

完全陸棲種的烏龜整體來說草食性較強，在野生狀態下喜歡吃野草或水果、菇類等。不過其中也有像摺背陸龜等吃昆蟲的種類。

棲息在沙漠地帶或熱帶草原等乾燥場所的四趾陸龜等種類，主要是吃多肉植物或纖維質多的稻科植物。其他一般的完全陸棲種也是以各種野草為主，或是採食成熟掉落的水果等。

完全陸棲種之中，也有紅腿象龜或黃腿象龜等喜歡吃水果類的烏龜。因此只要以營養價值高的水果或配合飼料為主來餵食就可以了。麒麟陸龜類等生活在森林中的種類，除了喜歡吃野草和熟透掉落的水果之外，也喜歡吃菇類。

▶正在吃萵苣的紅腿象龜。

食餌的種類

從植物性&動物性的食餌到冷凍·配合飼料

了解烏龜的大致食性之後，
來看看實際給予的食餌吧！
這裡介紹的是容易取得的食餌。
善加組合這些食餌，均衡地給予，
就是讓烏龜保持健康的重點！

蘇卡達象龜最喜歡蔬菜和野草。

各種不同的食餌

先知道植物性食餌和配合飼料等容易取得的食餌

了解烏龜的食性之後，給予和食性相近的食餌是餵食的基本。不過，要備齊和烏龜在自然界中所吃的東西完全相同的食餌是很困難的。這裡介紹的是容易取得的食餌。

配合食性選擇食餌

烏龜的食餌分為植物性食餌、動物性食餌、乾燥食餌和配合飼料等4種。

草食傾向強的烏龜以植物性食餌為主，肉食傾向強的烏龜以動物性食餌為主，雜食傾向強的烏龜則要組合植物性和動物性食餌來餵食。

烏龜必需的營養成分

想要維持健康，就要有各種不同的營養成分。
請不偏頗地均衡給予吧！

蛋白質·脂質
肉食性和雜食性的烏龜，最好偶爾給予魚貝類或肉類、活餌等。利用適合該種類的配合飼料也OK。

鈣質
要形成堅硬的龜甲和骨骼，不可缺少的就是鈣質。在鈣質的吸收上，和磷之間的平衡是很重要的。鈣和磷的比例，半水棲種和水棲種以1～2比1，陸棲種和完全陸棲種以4～5比1為理想。

維生素&礦物質
維生素或礦物質一旦不足，就會成為包含眼睛疾病在內的各種疾病的原因。最好視需要添加爬蟲類專用的營養補充劑。

纖維質
草食性或雜食性的烏龜要從植物性食餌中攝取纖維質。有助於腸道等的機能運作。

植物性食餌

代表性的植物性食餌

請以蔬菜和野草為主，再組合水果或菇類等。
萵苣類的營養價值低，所以不適合做為主食，但若是以補充水分為目的當做副食來給予的話就沒問題。

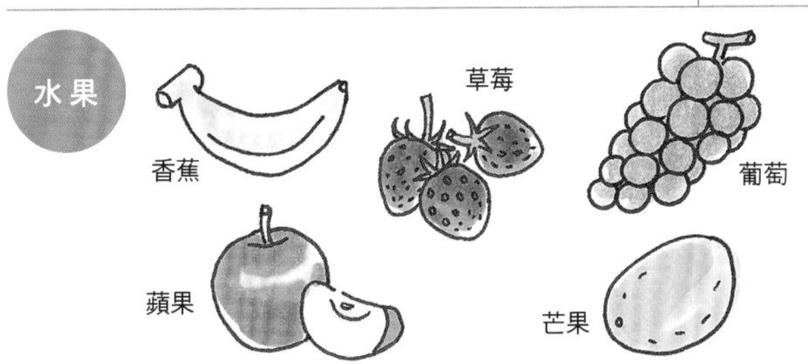

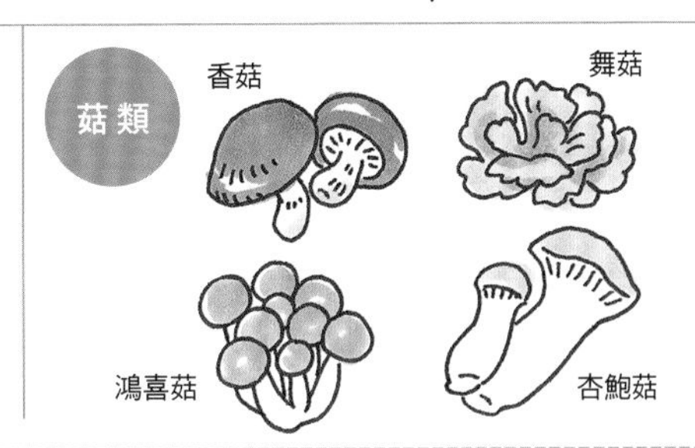

來種野草和蔬菜！

在家栽種蔬菜或野草，可以隨時給烏龜新鮮的食餌；甚至可以讓烏龜啄食還生長在土中的蔬菜或野草，能夠以接近自然的形式來給餌也是其優點。

在植缽中也很容易從種子培育起來的有油菜、青江菜、蕪菁或白蘿蔔葉、紅蘿蔔、黃麻菜等。至於野草方面，不妨採集整株的野生植物，種植在盆栽裡。建議種植的有繁縷或蒲公英、車前草、苜蓿草等。

▲正在啄食苜蓿草的歐洲陸龜。

來摘野草吧！

也很建議從大自然中採摘野草。此時要避免有毒性的植物（石蒜科、百合科、罌粟科、曼陀羅花、鈴蘭等），並選擇沒有噴灑除草劑或農藥的。此外，採摘的野草在給予前需充分洗淨。

動物性食餌

肉類或生鮮魚貝類很容易取得，而昆蟲類或活金魚等可以在水族店等處購得；多足類的鼠婦等就用採集的吧！

肉類要選擇脂肪成分少的雞胸肉等，燙過後再給予。肉類給得過多會成為維生素A缺乏症及腎臟機能障礙的原因，必須注意。水棲種或半水棲種可以給予金魚等活餌，陸棲種則適合給予昆蟲類等。

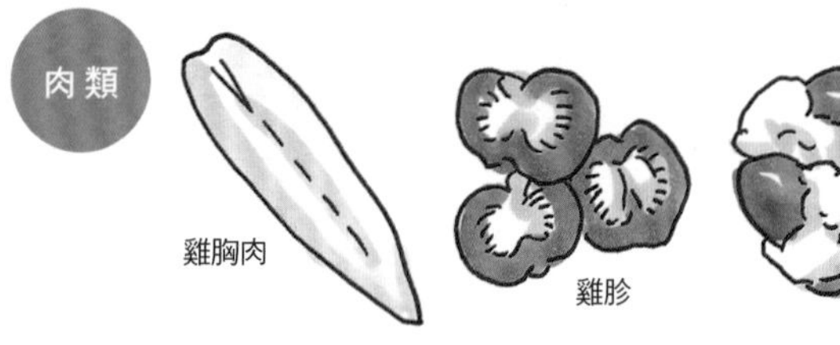

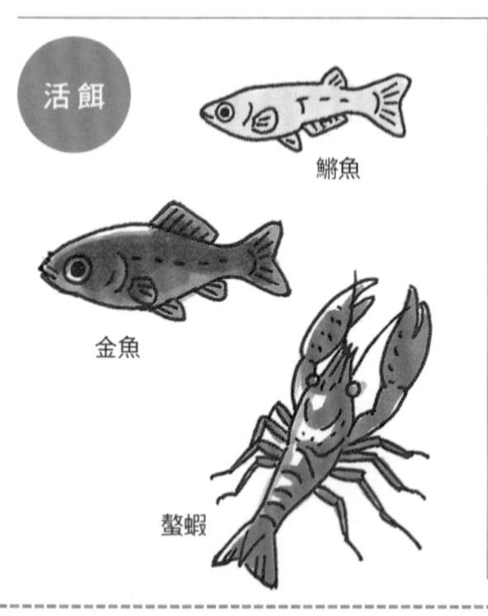

不適合烏龜的食餌

菠菜、青花菜、花椰菜、高麗菜等富含草酸。目前已知草酸很容易和鈣結合，是會妨礙鈣質被體內吸收的物質。另外，草酸被體內吸收而形成草酸鈣，就容易導致結石。基於這些理由，還是少給草酸多的蔬菜吧！

此外，牛肉、豬肉、鮪魚肚肉或是鰤魚生魚片等，都是脂肪成分多的食餌，會讓烏龜變得肥胖，內臟也容易長出脂肪，最好不要給予。

也不要給予人類食用的點心或是加工食品等。

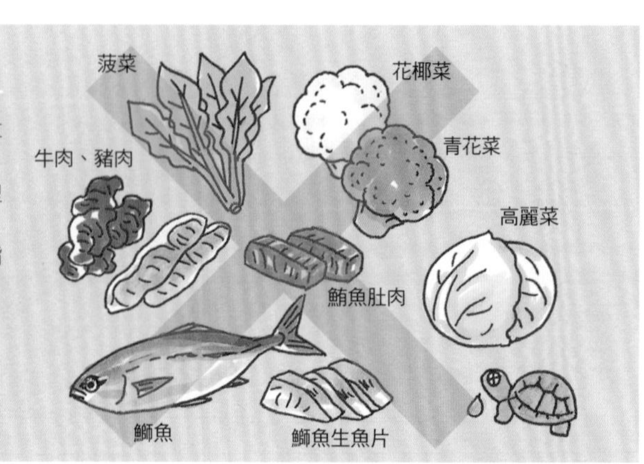

冷凍＆乾燥飼料

冷凍、乾燥飼料是將食餌凍結乾燥或冷凍而成的，保存性高。乾燥飼料有鉤蝦或乾燥赤蟲、乾燥絲蚯蚓、乾燥蝦、乾燥磷蝦等各種種類。鉤蝦和乾燥蟋蟀可以在爬蟲類專賣店購得，其他的則可以在水族店購得。

冷凍飼料有冷凍蝦、冷凍赤蟲、冷凍磷蝦、冷凍烏賊、冷凍鼠等。冷凍鼠可以在爬蟲類專賣店購得，其他的可以在水族店購得。除了冷凍鼠之外，其他的冷凍飼料尺寸都很小，也很適合給予水棲種或半水棲種的幼龜。至於成龜用的，也可以將人吃的冷凍蝦仁或是冷凍烏賊等切成適當的大小後再給予。

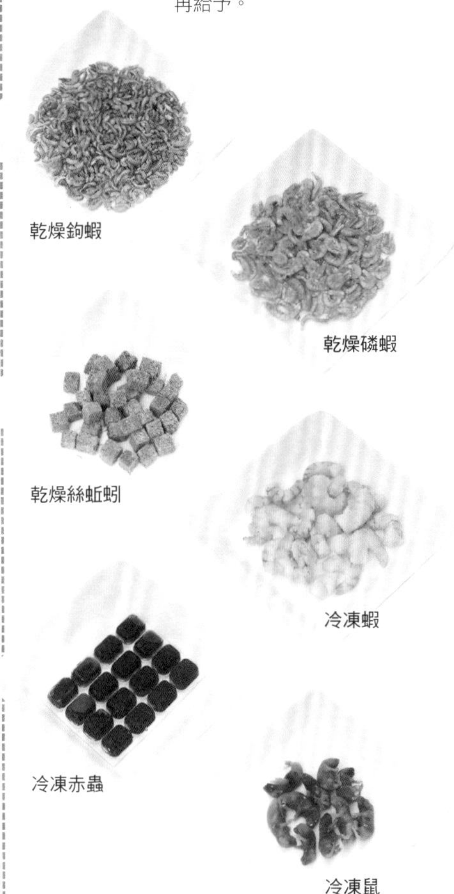

乾燥鉤蝦

乾燥磷蝦

乾燥絲蚯蚓

冷凍蝦

冷凍赤蟲

冷凍鼠

配合飼料（人工飼料）

市面上販售有各種專為烏龜研發生產的配合飼料。配合飼料是考慮到均衡的營養而製造的，保存性佳而且可以輕鬆餵食，非常方便。主要有以雜食性的半水棲種和陸棲種為對象的綜合配合飼料，以及草食傾向強的陸棲種與完全陸棲種用的植物性配合飼料。

飼料的形狀有棒狀或粒狀等，也有將粉末溶解、凝固成果凍狀的飼料。

有些烏龜用配合飼料不太容易馴餌，尤其是肉食性的水棲種，就算給牠配合飼料，大多也不願意吃。對於難以馴餌的種類，可以混合其他的食餌來給予，慢慢讓牠習慣後，大多就會願意吃了。

完全陸棲種用 配合飼料

半水棲、水棲種用 配合飼料

完全陸棲種用 配合飼料

維他命・鈣劑

烏龜用的添加劑，調配有烏龜在飼養時容易不足的維生素或鈣質等。尤其是完全陸棲種等草食性烏龜，很容易缺乏維生素或鈣質。添加劑雖然方便，但是過度給予也會造成過剩症，必須注意。

添加劑不需每天給予，一個禮拜約2～3次就足夠了。此外，鈣質如果沒有維生素D也無法吸收，因此要利用日光浴或紫外線燈適度地照射紫外線中的UVB，讓牠在體內形成維生素D，或是給予含有維生素D的鈣劑。

◀搭配了維生素D的鈣劑

綜合維他命▶

要給予何種食餌？不同族群的餵食法

介紹適合半水棲種和陸棲種等
各個族群的食餌和給予方法。
即使是同一族群的烏龜，
適合的食餌也可能依種類而有不同。
請參考P83和P126～163。

正在吃配合飼料的密西西比紅耳龜幼龜。

餵食的基本

什麼時候餵食比較好？次數和量又是如何？

適合餵食的時段

烏龜起床後，氣溫也上升了，所以牠們會先曬曬龜甲來充分溫暖身體，等轉變成活動模式之後才進食。清晨、傍晚和夜晚等是身體冰冷的時段，身體的機能也處於低下狀態，如果在這時候餵食，烏龜會無法充分消化所吃的食餌，可能會造成消化不良或是便秘等。因此，餵食最好在身體變溫暖的上午時段進行。

食餌的次數和量

烏龜的餵食，基本上一天一次就行了。幼龜要每天餵。雜食性的成龜，建議一個禮拜可以省略餵食1～2次。不過，歐洲陸龜或蘇卡達象龜之類的完全陸棲種（P156～163）等草食性烏龜，基本上是要每天給予。

在一次的餵食量方面，雜食性的烏龜，一般認為大約是一塊盾板的大小，或是頭部大小的程度；不過蔬菜水果等植物性食餌，就算牠能吃多少就給多少也不會有問題。

關於食餌的量，大致標準是能夠吃完的量。餵食後要仔細觀察，當食餌有剩餘時就斟酌減量吧！

吃剩的食餌該怎麼辦？

食餌沒有吃完時，如果是半水棲種或水棲種，為了避免水質受到污染，必須儘快取出。至於陸棲種，如果給予的是肉類或魚貝類，吃剩的食餌很容易腐敗，所以也要先取出。蔬菜或野草則可以在餐盤中放置一天左右。

幼龜的餵食

餵食幼龜或是剛來到家裡的烏龜、衰弱的烏龜時，必須給予大小容易食用的食餌。如果是雜食性或肉食性，可以給予冷凍赤蟲等較細的食餌；如果是草食性，就要將蔬菜或水果切細後再給予。

有些種類的幼龜和成龜在飲食內容方面會出現變化。雜食性的半水棲種等，幼龜是肉食傾向強的雜食性，但隨著成長，卻變成草食傾向強的雜食性。食性的變化會依種類而異，請參考P126～163。

夏天的食餌很容易腐敗，所以要勤於檢查吃剩的食餌，加以清除。

水的給予方法

龜類中的半水棲種和水棲種會飲用飼養容器中的水域裡的水。因此，萬一水質受到污染而惡化，就可能會危害到烏龜的健康。經常清掃、勤加換水是很重要的。

陸棲種和完全陸棲種會飲用水浴用的水，所以水盤請每天清洗、換水。

完全陸棲種是喜歡乾燥的類型，也可以不放置水盤。通常牠們會藉由攝取蔬菜或野草等來吸收水分，但也可以先弄濕食餌再給予。此外，也可以在進行溫浴（P97）時讓牠飲水。

食餌的保存

配合飼料和乾燥飼料開封後容易氧化變質，必須裝到密閉容器中，阻隔空氣以便保存。如果購買時可以選擇包裝大小，即使價格稍高也建議選擇小包裝的，比較容易使用完畢。

冷凍飼料開封後要放入密閉容器或是夾鍊袋中來保存。蔬菜或魚貝類等要冷藏保存，儘快使用完畢。魚貝類只能冷藏保存1～2天，因此若有剩餘，請儘快冷凍保存。

要儲存金魚或鱂魚等活餌時，可在水桶或塑膠箱等容器裡安裝打氣裝置或是簡單的過濾器來儲存。

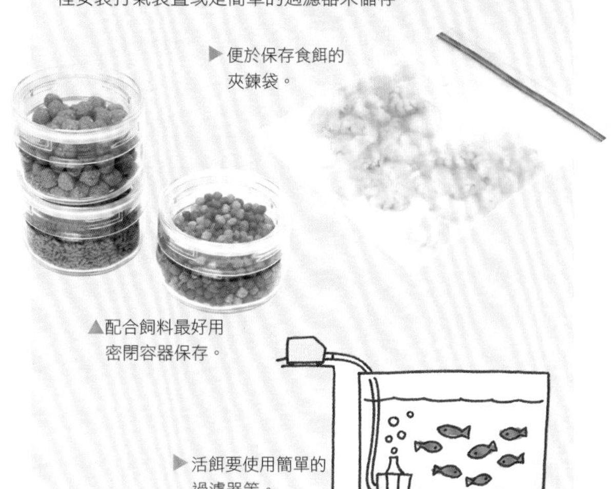

▶便於保存食餌的夾鍊袋。

▲配合飼料最好用密閉容器保存。

▶活餌要使用簡單的過濾器等。

Check!

給予昆蟲時的注意事項

給予活昆蟲的時候，可能會有活餌逃脫或是烏龜無法完全捕食到的情形。蟋蟀等動作迅速的昆蟲，建議採取事前冷凍，待其凍死後再給予的方法。如此一來，雖然死了還是可以保持新鮮。

◀預先冷凍保存的蟋蟀。必須回復常溫後再給予。

不同族群
食餌的給予法

半水棲烏龜

食餌的內容

半水棲種的烏龜基本上是雜食性的。不過，廟龜或黃頭側頸龜等的草食傾向較強，其他側頸龜同類或是蛇頸龜同類、大頭龜等則是肉食性或是肉食傾向強的烏龜們。

大多數的雜食性烏龜都很容易用配合飼料馴餌，所以不妨以配合飼料為主，再均衡地給予蔬菜類和魚貝類等。

草食傾向強的種類，可以青江菜或油菜等葉菜類為主，並均衡地給予烏龜專用的配合飼料。番茄或水果類等容易污染水域，最好還是避免。

對於肉食傾向強的烏龜，可以給予汆燙過的雞胸肉或雞胗、烏賊、蝦仁等魚貝類。活的金魚或小型螯蝦、河蝦等也是牠們喜愛的食餌。

另外，地圖龜的同類是喜歡吃貝類的烏龜。牠們在棲息地吃的是福壽螺的同類或是椎實螺等殼比較柔軟的螺類，只是在日本要取得做為食餌並不容易。可以試著給予去殼的蜆肉等。

食餌的給予法

不管是雜食性、肉食性還是草食性，半水棲種的烏龜絕大多數都是在水中進食的，因此可將食餌放入水域中給予。重點是，做為食餌給予的東西，必須選擇不易溶於水、不易污染水質的。

為了儘量抑制水質的惡化，基本上吃剩的食餌必須儘快取出。金魚或蝦子等活餌可以先觀察一下情況，隔天如果還有剩餘就要取出。

基本上是每天餵食，一天一次。雜食性的種類，建議一個禮拜省略餵食1～2次。除了可避免肥胖之外，似乎也能讓烏龜的胃口更好。

一次給予的食餌量，一般是一塊盾板的大小或是頭部的大小；不過蔬菜或水果等植物性食餌，就算牠能吃多少就給多少也不會有問題。

▲半水棲烏龜要在水中餵食。

水棲烏龜

食餌的內容

鱷龜、中華鱉的同類、箱鱉等大多數的水棲種都是肉食性的，不過馬來西亞巨龜、豬鼻龜等則屬於雜食性。

肉食性的種類，可以給予肉類或魚貝類、金魚、螯蝦、河蝦等淡水性的小魚或是甲殼類等。雜食性的烏龜要以魚貝類或葉菜類為主，再均衡地組合配合飼料來餵食。不管是哪一種，肉類都要先汆燙過，魚貝類則要充分洗淨後再給予。

對於肉食性的幼龜，可以給予切碎的魚貝類、充分去除鹽分的魩仔魚、鰯魚或唐魚等小魚。雜食性的幼龜，請將葉菜類或魚貝類等切成容易食用的大小後給予。

食餌的給予法

水棲種的烏龜會在水中進食，因此請將食餌放進水中。基本上要儘量選擇不會弄髒水的食餌。幼龜每天都要餵食，不過一個禮拜省略1～2次也沒有關係。成龜不需要每天餵食，每隔1～2天餵食一次就足夠了。

在食餌的量方面，龜甲長約15cm大小的烏龜，大致上需要4～5cm左右的金魚約2～3條、3cm左右的蝦仁約3～4個。

陸棲烏龜

食餌的內容

陸棲種幾乎都是雜食性的。喜歡吃蟋蟀或麵包蟲等昆蟲類、燙過的雞胸肉或雞胗、冷凍蝦、青江菜或番茄等蔬菜類，以及草莓或香蕉、芒果等水果類。

用配合飼料也很容易馴餌，不妨加以組合使用。不過，有些剛進口的烏龜用配合飼料或許會不容易馴餌。遇到這種情況時，重點是從嗜口性高的水果開始讓牠慢慢習慣。

另外，太陽龜等草食性的烏龜可以葉菜為主，再組合水果和配合飼料。

▲陸棲烏龜在陸上、水中都可進食。（食蛇龜）

食餌的給予法

陸棲種的烏龜基本上是在陸上進食的。食餌可放進淺盤等給予。

餵食基本上是一天一次，不過雜食性的烏龜一個禮拜少給1～2次也沒關係。如此對於預防肥胖、促進食慾上都有效。

一次給予的食餌量，大致上約如一塊盾板的大小，或是頭部的大小。植物性的食餌可以儘量給牠吃也沒關係。

▲陸棲烏龜是雜食性的。（三趾箱龜）

▲正在吃配合飼料的錦箱龜。

完全陸棲烏龜

食餌的內容

完全陸棲種幾乎都是草食性的。食餌有青江菜或油菜、番茄等蔬菜類、車前草、苜蓿草等野草類、香蕉和草莓、蘋果、芒果等水果類、舞菇和鴻喜菇、香菇等菇類；另外還有開發做為完全陸棲烏龜專用的陸龜專用飼料等配合飼料。

如果以水果或陸龜專用配合飼料為主食的話，很可能會造成發育不良或是健康不佳。食餌最好以蔬菜或野草為主，再組合水果或配合飼料做為副食，均衡地給予。

食餌的給予法

完全陸棲種會在陸上進食。餵食的時候，為了防止墊材等附著在食餌上，最好先放入淺盤等再給予。

草食性的烏龜要每天餵食。已經成長的成龜可以一天餵一次，不過幼龜或是剛來到家中的烏龜、虛弱的烏龜等，最好一天餵食2～3次。

剛孵化不久的幼龜或虛弱的個體，若是直接給予大塊食餌，很可能會無法進食。要領是先將食餌切碎，好讓幼龜容易食用。建議將葉菜等切細，紅蘿蔔等則做粗略的研磨。

食餌的量會依烏龜的大小、種類或是季節而異，大致標準就是牠能吃完的量。如果每次都剩下很多，就減少一點；很快就吃完時就多給一些，最好只有少許的剩餘。

據說野生的陸龜一年會吃超過100種以上的食餌。在飼養狀態下也不要只給予單一食餌，而是混合許多種類來給予較為理想。

不管是成龜還是幼龜，吃剩的食餌都要勤加清理。

▲正在吃番茄的紅腿象龜。

▲完全陸棲烏龜是草食性的。(蘇卡達烏龜)

控制舒適的溫度和濕度

在自然界中的烏龜們會選擇
自己喜愛的環境，移過去生活。
請重現溫濕度適當的環境，
讓烏龜在飼養下也能健康地生活吧！
也要介紹配合四季的照顧法。

暖和的地方最受歡迎。（密西西比紅耳龜）

管理溫度和濕度

在飼養容器中依場所
設置溫度的高低差

溫度的管理

自然界中不只有季節的溫度變化，一天之中也有溫度變化。一般是夜間和清晨的溫度較低，中午到下午3點左右溫度會變高。

飼養烏龜時的適溫會依種類而各有不同，不過大致標準是在24～30℃。重要的是，飼養時除了要管理整體的環境溫度之外，飼養容器中也要設置溫度梯差，而且晝夜要有溫度變化。在整體環境溫度的管理上，可以利用紅外線燈或加熱保溫墊（P53）、空調等。要領是環境溫度的設定要稍低一些。

為什麼必須有溫度梯差？

在自然界中，即使是白天，向陽處與日陰處也有溫度差，而烏龜會自由移動到自己喜愛的溫度處。在飼養容器中部分性地建造溫暖的場所（熱區），一旦遠離熱源，溫度也會逐漸下降，如此便能夠形成溫度梯差。有了溫度梯差，烏龜就會自行移動到容器內自己喜愛的溫度處，這在健康地飼養烏龜上是非常重要的。

不過，飼養容器如果狹窄，就無法有效地造成溫度梯差。還是儘量選擇大一點的飼養容器吧！

白天要打開熱區用燈和紫外線燈

利用熱區用燈或加熱保溫墊，白天形成溫暖的場所，夜間則要關燈。如此除了可以做成溫度梯差之外，也可以形成晝夜的溫差。自然界的晝夜溫差大多在3～10℃左右，因此請以此做為標準。

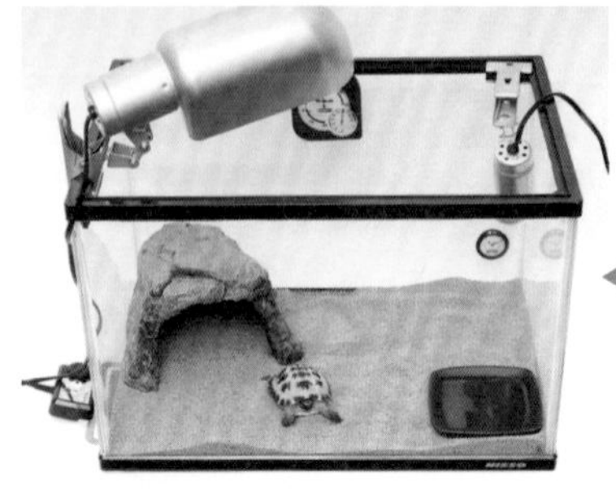

◀為了確認溫度梯差，至少要在熱區的正下方和遠離熱區的場所設置 2 個溫度計。

濕度的管理

在完全陸棲種中，有些種類必須做好濕度管理。紅腿象龜等喜歡多濕的種類，可以將保濕性高的墊材弄濕使用。也可以偶爾使用噴霧器等將墊材噴濕，不過為了避免發霉，應該經常檢查，更換墊材。至於四趾陸龜等喜歡乾燥的種類，在梅雨到夏天等濕度高的季節建議利用空調。也可以併用冷卻風扇。

半水棲種或水棲種等需設置水域的種類，雖然不需要特別做濕度控制，不過陸棲種最好先適度地將墊材弄濕。

四季的溫度管理

秋・冬・春 的溫度管理

飼養烏龜時，除了不喜歡暑熱的部分種類之外，在秋天到春天溫度下降的時期都必須做好溫度控制。飼養容器內的最低溫度大致維持在24～30℃，熱區則以28～38℃做為標準。

在最低溫度的保持上，水棲種和半水棲種是在水域設置水中加熱器和控溫器（P49、51），陸棲種和完全陸棲種則是利用加熱保溫墊和紅外線燈等。此外，白天要做出熱區。

夏天 的溫度管理

日本的夏天，有些地區超過30～35℃的日子並不少。在屋外飼養時，當氣溫為35℃，烏龜生活的地表附近卻可能遠超過40℃，必須注意。夏季在屋外飼養時，通風必須良好，並搭建大片的日陰部分，以防止溫度上升。在完全陸棲種中，有些種類會挖掘洞穴來避暑，所以要儘量增加土壤的厚度。

在屋內飼養時，建議使用空調或冷卻風扇。請降低整個房間的溫度，讓烏龜度過暑熱的夏天。

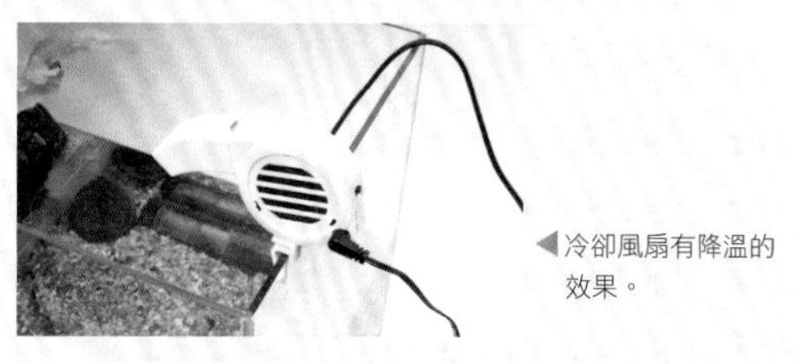

◀冷卻風扇有降溫的效果。

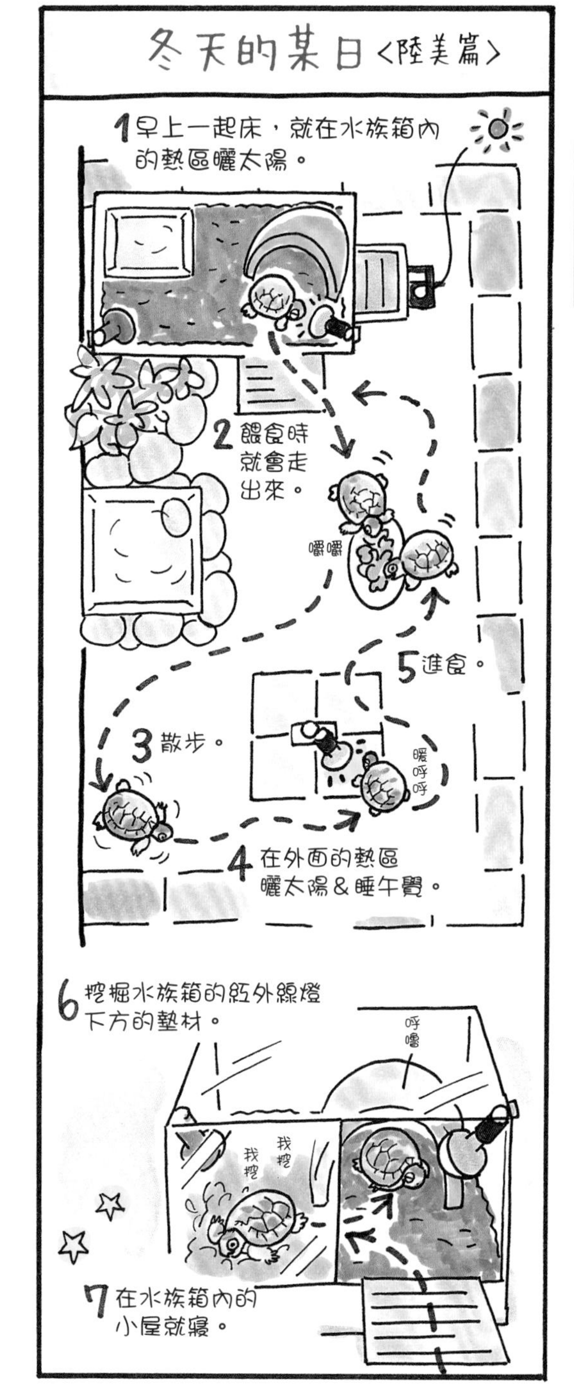

日光浴和溫浴

利用紫外線和溫浴來守護烏龜的健康

做日光浴對烏龜來說是很重要的行為。
無法在陽光下曬龜甲時，
可以利用紫外線燈。
對陸龜來說，溫浴也是必需的，
先來知道它的方法吧！

日光浴是健康管理上不可欠缺的。（四趾陸龜）

讓牠做日光浴

自然的陽光最好！也可以活用紫外線燈

紫外線的效用

日光浴除了可讓烏龜照射紫外線、在體內合成維生素D之外，也是促使冰冷的體溫上升，以幫助消化吸收的重要行為。具有使身體乾燥、藉由紫外線預防真菌類感染之類的皮膚病等各式各樣的效果。

紫外線燈雖然也有相同的效果，不過還是比不上陽光的力量。

利用陽光做日光浴時

一般認為，烏龜的日光浴只要一周2～3次，每次15～30分鐘就足夠了。

利用陽光讓烏龜做日光浴時，要儘量準備寬敞的空間和日陰處，打造出烏龜可以自由進行日光浴的環境。在這樣的環境下做日光浴，可以讓烏龜依自己的喜好自由移動，所以就算讓牠做幾個小時的日光浴也不會有問題。

不過，還是要注意溫度過高的問題。不只是在夏天，在密閉的狹窄飼養容器中讓牠做日光浴時，萬一溫度過高，烏龜可能會發生脫水症，或是高溫致死。讓牠進行日光浴時，請在一旁仔細觀察烏龜的樣子。

反之，冬天等溫度低的時期，低溫會對烏龜帶來傷害。一邊進行保溫一邊讓牠做日光浴等，像這樣的溫度管理是很重要的。

此外，為了避免烏龜遭到烏鴉或野貓等的襲擊，用紗網或鐵絲網等加蓋的對策也是必需的。

使用紫外線燈時

無法讓牠做日光浴時，可在飼養容器內設置紫外線燈。每天有規律地在白天大約開12個小時的燈。

Check!

穿透玻璃的陽光呢？

陽光穿透玻璃時，大部分的UVB（P44）會被吸收掉，但UVA（P44）則會繼續穿透。要合成維生素D必須有紫外線燈的照射，不過即使只有UVA，還是比不照有效。

穿透玻璃的陽光，烏龜還是能曬得很舒服。不妨積極地活用吧！

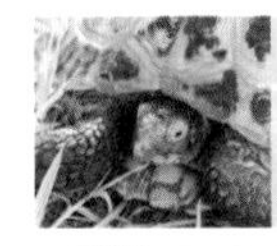

讓烏龜溫浴

完全陸棲烏龜要偶爾讓牠做做溫浴

溫浴的效用和弊害

溫浴是對完全陸棲種烏龜所進行的照顧，目的是讓烏龜飲水，促進排泄。對於剛進口的個體，或是非疾病原因而造成虛弱脫水狀態的烏龜來說，溫浴是有其效果的，不過對於因為內臟疾病等而衰弱的烏龜而言，有時反而有害，所以不能進行溫浴。

在自然界中，烏龜是不做溫浴的。即使是在飼養狀態下，當飼養容器中設有可以做水浴的水盤時，就不需要特別進行溫浴。

不過，像四趾陸龜等棲息在沙漠或熱帶草原、喜歡乾燥環境的烏龜種類，飼養容器中一旦設置水盤就容易變得潮濕，所以有很多都不做設置。在這樣的飼養環境下，烏龜雖然會從食餌中攝取水分，但總還是容易水分不足。因此，一般還是會施行溫浴藉以讓牠飲水。

總之，請充分理解溫浴是為了輔助飼養環境不夠完備而進行的照顧，如果不想進行溫浴，就用心創造良好的環境吧！

溫浴的方法

溫浴是在洗臉盆等可充分容納烏龜身體的容器中注入約30～38℃的溫水，讓烏龜在裡面浸泡約15～20分鐘。溫水的深度大致為浸泡到烏龜半個身體的程度。不過，有些種類或個體就連這樣的深度也可能會溺水，所以進行時要一邊觀察烏龜的情況，如果烏龜出現呼吸困難的樣子，就要降低水位。

冬天等溫度容易降低的季節，就要勤於更換溫水，以維持溫度。另外，因為排泄物而弄髒溫水時也要進行換水。

外部氣溫低的時候，吸入冷空氣可能會引起肺炎等，所以要在溫暖的場所進行溫浴。

像穴龜的同類或是緣翹陸龜般討厭溫浴的種類，若是浸泡高溫的熱水很可能會發生休克症狀。想要讓這些種類做溫浴時，必須使用35℃左右的溫水，時間也要縮短。

進行溫浴的次數依種類而異，大致上為一周1～2次。對於衰弱的烏龜或輸入不久的個體，一天進行好幾次是有效果的。

●讓烏龜進行溫浴的方法

洗臉盆等放入30～38℃的溫水，讓烏龜浸泡約15～20分鐘。

Check!

小心出浴後著涼！

烏龜和人類一樣，都要嚴禁急遽的溫度變化。冬天等寒冷的季節，當溫浴結束後，請用毛巾等擦拭掉身上的水分，迅速移到溫暖的飼養容器中，以免身體受寒。

▶溫浴後要仔細擦乾水分（緬甸星龜）。

水域容易因排泄物等而髒污，所以要勤於清掃。（密西西比紅耳龜）

飼養容器的清掃

定期清掃水域、陸場和墊材

保持清潔的飼養環境，
在健康地飼養烏龜上是很重要的。
髒了就要勤於打掃，
讓烏龜在常保衛生的環境下生活。

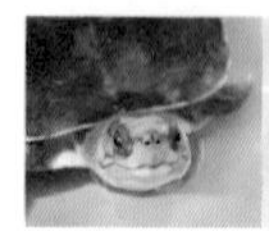

清掃的基本

想要健康地飼養，勤於打掃是不可欠缺的

在清潔的環境下飼養

烏龜在自然界下是生活在廣大的環境中，因此排泄物或食物殘屑等都會被自然的淨化能力加以分解，不會堆積在環境中。但是在空間有限的飼養環境中，淨化能力低，放著不管的話，很快地髒污就會累積。

骯髒的環境會成為疾病的原因，是攸關生命的重大問題。請勤於打掃，儘量在清潔的環境中飼養烏龜吧！

飼養用品的檢查

飼養烏龜時會用到各式各樣的飼養用具。過濾器、水中加熱器和控溫器、紫外線燈、熱區用燈、保溫燈、溫度計等，每一項都是飼養烏龜時不可缺少的用具。萬一用具損壞了，可能會招致重大事故。因此偶爾檢查一下用具是否都能正常運作也是很重要的。

清掃的重點

介紹每天的管理和大掃除的時機等清掃重點。

水域的管理

半水棲種＆水棲種

半水棲種和水棲種的烏龜，飲食和排泄大多在水中進行。因此，食物殘屑和排泄物都要每天用網子等清除掉。

水域的水也是飲用水，所以只要髒了就要勤加更換。

水域設置過濾器可以減少換水的頻率，不過此時有件必須注意的事。即使乍看之下水是清潔的，但是阿摩尼亞等在水中分解後所產生的硝酸鹽等氮化合物卻會一天一天累積。這種氮化合物對烏龜是有害的。即使水看起來乾淨，還是必須定期換水才行。

換水的時候，請全部更換，或是盡可能更換較多的水。

▲食物殘屑或排泄物，要用觀賞魚用的撈網等仔細地去除。

陸棲種＆完全陸棲種

陸棲種和完全陸棲種的水域，大多是利用盤子等作為裝水容器。烏龜除了飲水之外，有時也會進入其中，甚至在裡面排泄。

水盤應每天取出，清洗容器，注入新鮮水後再放回飼養容器中。

更換或補充水的時候，也要注意水的溫度。冬天等直接使用自來水會讓水溫過低。最好加一點熱水，將水溫調整到比氣溫稍高一些。

陸場・墊材的管理

半水棲種＆水棲種

半水棲種的陸上部分有時會使用水苔或赤玉土。水苔很少單獨使用，而是鋪在水域和赤玉土之間，以免赤玉土溶入水中。和陸棲種比起來，半水棲種的陸場比較少髒污，所以一發現髒污，就要將該部分清除掉，然後補充不足的部分。不過近水處的水苔等墊材容易腐壞，要經常更換。如果有使用磚塊等，大掃除的時候就要充分清洗。

中華鱉等有潛入砂中習性的水棲種，要在水中部分加入底砂。換水的時候請攪混砂子，以清除其中的髒污。

陸棲種・完全陸棲種

陸棲種的陸場會鋪上深度可讓烏龜潛入的水苔和腐葉土。墊材骯髒的部分要經常去除，如果發霉了，就要全部更換。

完全陸棲種的墊材會使用赤玉土或屑材、腐葉土、水苔等。請每天清除被烏龜的排泄物或食物殘屑弄髒的墊材，再補充減少的分量。如此一來，就能某種程度地預防異味和黴菌的發生。若是很在意異味時，就進行大掃除，整體更換掉。喜歡濕氣的種類，因為墊材經常處於潮濕的狀態，即使認真清除掉髒污的部分，還是可能會發霉。萬一發霉了，就進行大掃除，更換所有的墊材。

▲經常用鏟子除去骯髒的墊材。

器具的管理

■檢查加熱器和控溫器

在飼養器具中，尤其是用來做為溫度管理的用品，經常發生故障了也沒有察覺的情況。然而，這些器具一旦故障，可能會危害到烏龜的健康，有時甚至攸關性命，所以必須經常檢查。

要確認水中加熱器或保溫燈、控溫器是否正常運轉，溫度計是最重要的。溫度計必須早晚檢查，當溫度過低時，就有可能是加熱器或保溫器具故障；反之，當溫度過高時，就有可能是控溫器故障了。

■檢查照明＆紫外線燈

雖然照明器具可以目視檢查，不過螢光燈即使會亮，光線仍會隨著時間而變弱，或是紫外線燈的紫外線發生量越來越少等。就算燈光會亮，還是要在有效期間內進行更換。

當過濾器的水流突然變小或是停止時，很可能是馬達等過熱了。請馬上拔掉電源進行確認吧！

大掃除的順序

就算每天都將食物殘屑和排泄物清除掉，飼養容器還是會慢慢變髒，因此定期的大掃除是必需的。大掃除的頻率會依飼養容器的大小和烏龜種類、大小而異，不過大致標準是一個月2～4次以上。

半水棲種＆水棲種

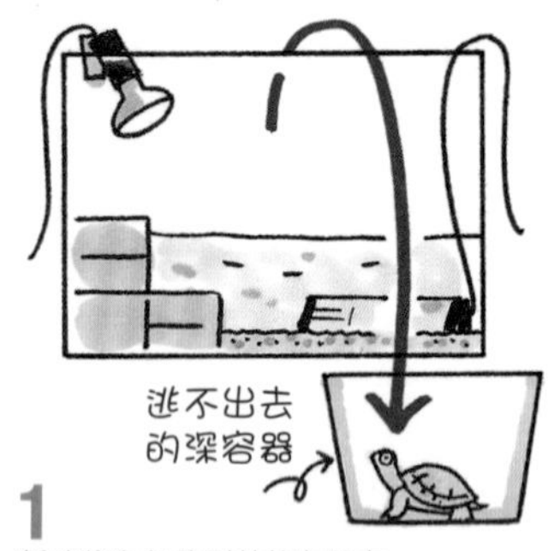

1
暫時將烏龜移到其他容器中。

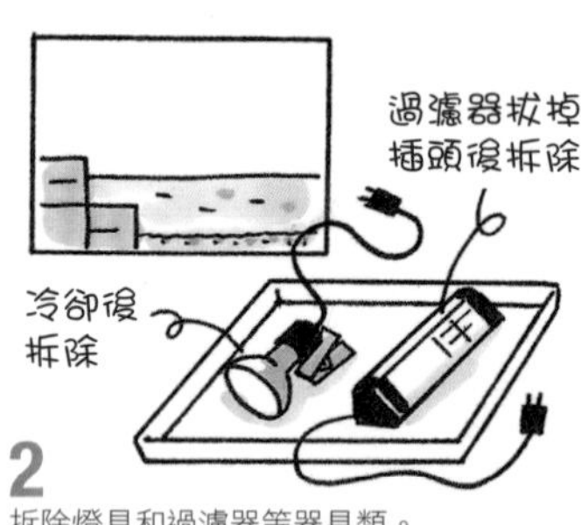

2
拆除燈具和過濾器等器具類。

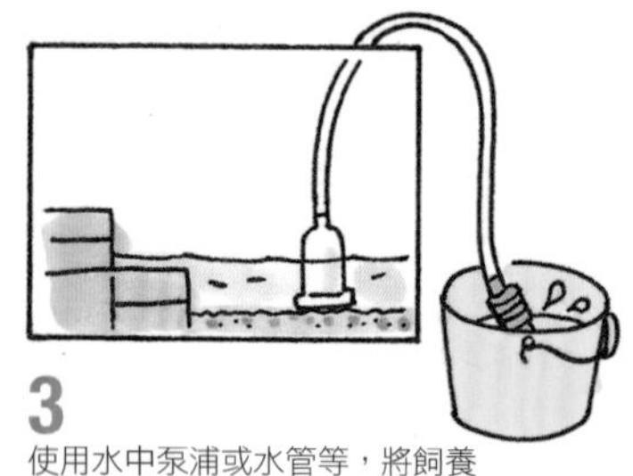

3
使用水中泵浦或水管等，將飼養容器內的水抽到水桶裡，倒入馬桶沖掉。

4
取出砂礫或底砂，連同飼養容器整個清洗後，使其乾燥。

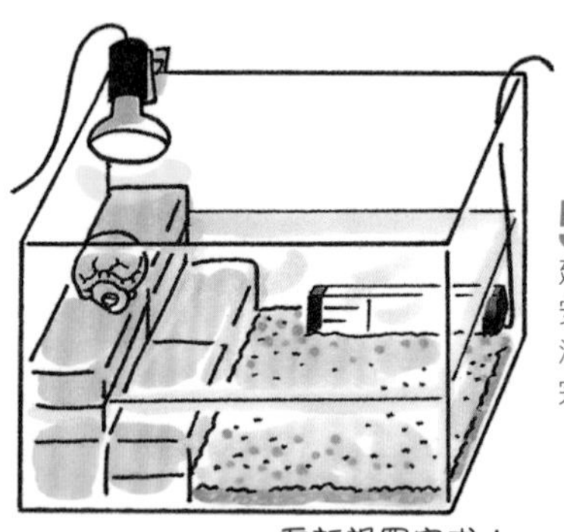

5
建造陸場，放入底砂，安裝過濾器等器具類。注水，讓器具運轉後就完成了。放回烏龜。

過濾器的清潔

如果有使用過濾器，換水的同時也要清潔過濾器。
先將過濾器的插頭拔除。

1
使用水中泵浦或水管將飼養容器的水抽到水桶裡。

2
拆下過濾器，用抽起來的飼養水輕輕清洗裡面的濾綿。注意這個時候如果用自來水清洗的話，會殺死有助於淨化水質的細菌。

3
飼養容器中注入新的水，過濾器如原來般進行安裝即可。

Check!

摸過烏龜後要洗手

烏龜有時會帶有沙門氏菌等細菌，因此摸過烏龜後或是清掃後，請務必要洗手。

陸棲種＆完全陸棲種

1
暫時將烏龜移到其他容器中。

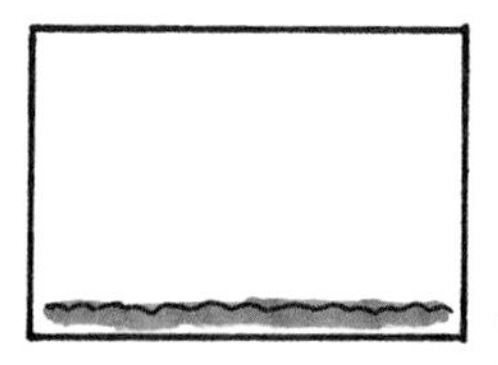

2
拆除水盤和燈具等器具類。

3
墊材裝入垃圾袋等丟棄。垃圾分類請遵從社區規定。水苔和腐葉土屬於可燃性垃圾。

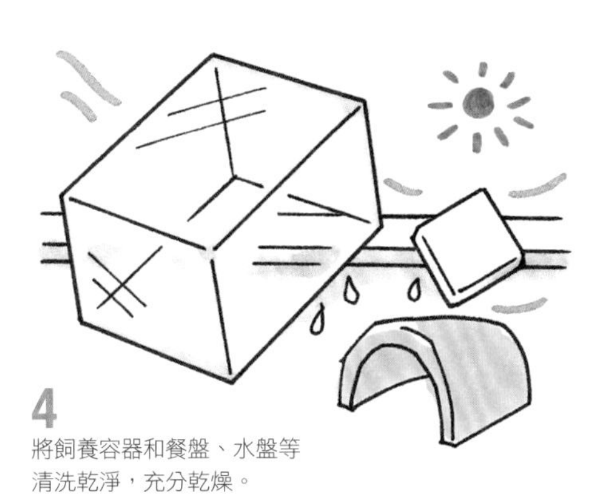

4
將飼養容器和餐盤、水盤等清洗乾淨，充分乾燥。

5
鋪上新的墊材，安裝器具類。讓器具運轉，放入水盤即可。放回烏龜。

在陸場和水域的管理上可活用活性碳

▲網袋裝的活性碳

即使每天清理，還是可能會出現異味。而且，有時也會因為旅行等好幾天不在家，而出現無法換水的情形。

這個時候，在水族店等可以購得的活性碳就很方便。

完全陸棲種可以在墊材的底部鋪滿稍微清洗過的活性碳，水棲種或半水棲種則可以將網袋裝的活性碳稍微清洗後，放在過濾器安裝濾材的部分來使用。

只是，活性碳終究只是輔助性的東西，還是要用心做好平日的管理，經常保持清潔的環境吧！

Point

注意燙傷和電線斷裂！

▼通電時或是關燈後立刻觸摸可能會燙傷，注意不要碰觸到。

加熱器或照明器具運轉時的溫度相當高，直接用手碰觸的話，很可能會燙傷。還有，水中加熱器如果在通電狀態下直接從水中拿出時，可能會發生電線斷裂或起火燃燒的意外。

要從水中取出做清掃或檢查時，一定要先拔除插頭，經過一段時間充分冷卻後再取出。

We love Turtle! ⑥

烏龜Q&A 食餌和照顧篇

Q 有偏食的習慣，很傷腦筋。可以老是讓牠吃相同的食餌嗎？

A 野生的烏龜會吃各種不同的食物，所以請儘量給予多種的食餌。半水棲種、水棲種、陸棲種可以市面販售的配合飼料為主，再組合其他食餌。絕對不能因為烏龜喜歡吃蝦子，就只給予蝦子而已。

完全陸棲種要儘量以多種蔬菜或野草為主，輔助性地給予配合飼料。如果只給萵苣等單種蔬菜的話，營養會不均衡，必須注意。

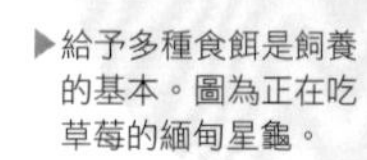

▶給予多種食餌是飼養的基本。圖為正在吃草莓的緬甸星龜。

Q 家裡的烏龜喜歡吃麵包或甜點等，可以給牠吃嗎？

A 雜食性的烏龜中，有不少喜歡吃零食點心或麵包等的種類。不過，零食點心或麵包含有多量的脂肪和蛋白質、碳水化合物、鹽分等，會危害烏龜的健康。持續給予的話，會成為肥胖或內臟脂肪增加、生病的原因，因此絕對不可以給予。

Q 家裡的烏龜手腳根部都很粗壯，烏龜也會肥胖嗎？

A 食物給太多，烏龜也會肥胖。一旦肥胖，可能連手腳都無法縮進龜甲中。肥胖也會影響健康，所以請注意避免餵食過度。

Q 烏龜一定要做日光浴嗎？我白天要工作，無法讓牠做日光浴……

A 做日光浴的最大目的是藉由曝曬UVB（P44），在體內合成維生素D。無法讓牠做日光浴時，可以設置會產生UVB的紫外線燈，來彌補日光浴的不足。

不過，假日等可以讓牠做日光浴的時候，還是儘量讓牠在陽光下做日光浴吧！一週1～2次也沒關係。雖然說平常無法讓牠做日光浴，卻不能長時間不做日光浴。

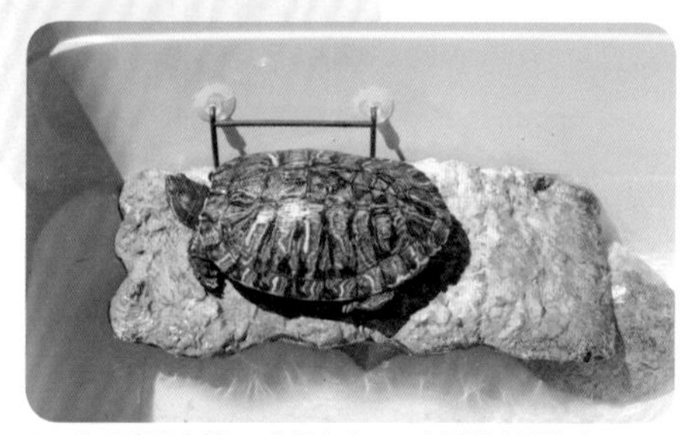

▲一次日光浴大概 20 分鐘左右。一定要做出日陰處。

Q 烏龜會親近人嗎？

A 烏龜不會像貓狗那樣親近人。不過，牠們似乎會記住餵食的人，大多可以做到叫喚就過來的程度。

▶正在吃配合飼料的密西西比紅耳龜。

part
5

休眠＆繁殖和健康管理

介紹在飼養下讓烏龜休眠的方法，
還有繁殖時的順序。
此外，想要守護烏龜的健康，
日常的健康檢查也是很重要的。
在疾病和治療方面也有加以解說。

休眠的方法

要讓烏龜休眠以度過冬天時

在烏龜同類中，有些種類當氣溫過低或反之過高時，身體的代謝就會降低，進入休眠狀態中。
在此解說休眠的原因和必要性，還有讓牠休眠時的方法。

到了春天，從冬眠洞穴中出來的歐洲陸龜

為什麼需要休眠？

降低代謝來度過嚴苛的冬天、夏天和乾季

為什麼會休眠？

烏龜無法自己控制體溫，因此當周圍的溫度下降，或反之升高時，就會降低自己的代謝，進入休眠狀態，好度過嚴苛的時期。

有些烏龜冬天溫度一下降就會冬眠，夏天高溫或乾季的時候就會夏眠。因為對烏龜來說，休眠是要生存下去的重要行為。

休眠的烏龜，不休眠的烏龜

在自然界中棲息於冬天溫度在10℃以下的溫帶區域的種類，是會冬眠的烏龜。當氣溫下降到接近10℃時，動作就會變得遲鈍，代謝漸漸降低，進入冬眠狀態。

目前已知棲息在溫帶的大多數半水棲烏龜和陸棲烏龜、完全陸棲烏龜會進行冬眠。

另外，暑熱時期會進行夏眠的烏龜有東澳長頸龜、四趾陸龜、蛛網陸龜、緣翹陸龜等。

▲金龜不論是在水中還是陸上都可進行冬眠。

▲西部赫曼陸龜是會冬眠的烏龜，不過幼龜請不要讓牠冬眠。

要不要讓牠冬眠？

想要繁殖的時候，讓牠冬眠比較好

飼養的烏龜應該讓牠冬眠嗎？

冬眠是發情的開端，對於野生的烏龜來說，冬眠在維持健全的生活周期上是必要的行為。

不過，飼養的烏龜因為生活在飼養容器等有限的環境內，如果讓牠休眠，身體狀況可能會崩壞，甚至死亡。尤其是缺乏體力的幼龜和剛帶回家的削瘦烏龜、身體不是很健康的烏龜等，最好都不要讓牠休眠。可以休眠的僅限於體力充足的成龜而已。

只有在挑戰繁殖的時候才需要讓烏龜冬眠。尤其是三趾箱龜，一般認為想讓牠繁殖，冬眠是必需的。如果目標是繁殖的話，讓烏龜冬眠或許會比較好。

關於夏眠

在野生狀態下會夏眠的烏龜，如果在日本的氣候下正常飼養，並不需要特別讓牠夏眠。不過，溫度過高的話，可能會出現活動量減少、食慾不振的情形，所以要注意避免溫度比適溫還高。

不讓牠休眠時

本來就不休眠的烏龜，一整年都要保持對烏龜而言的舒適溫度，不讓牠們休眠地飼養。即使是會冬眠的種類，只要保持在適當溫度，也可以不讓牠冬眠地進行飼養。

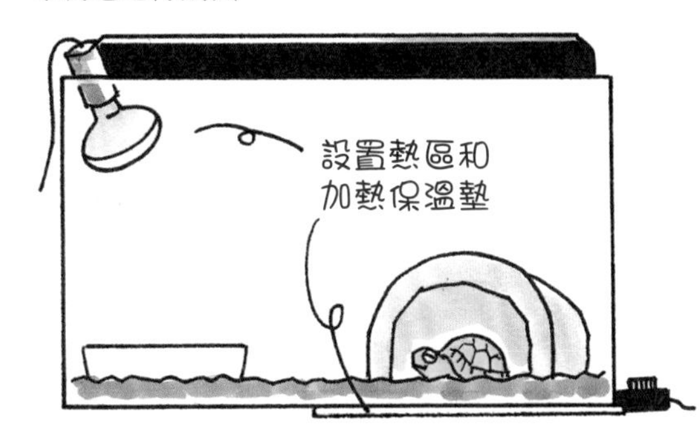

野生烏龜都在哪裡休眠？

以前認為半水棲種或水棲種烏龜在水中冬眠會溺死，所以牠會在陸上落葉堆積成的軟土中挖洞，在裡面冬眠。不過最近盛行的說法是，在代謝低下的冬眠狀態中，皮膚呼吸的比例會增加，不需要頻繁從水面探出頭來就能呼吸，所以會在水中進行冬眠。然而實際上卻是配合當時的狀況，不論是在水中還是陸上都能冬眠，這似乎才是正確答案。

陸棲種和完全陸棲種烏龜會在厚厚堆積的落葉或土中挖洞，在裡面進行冬眠。

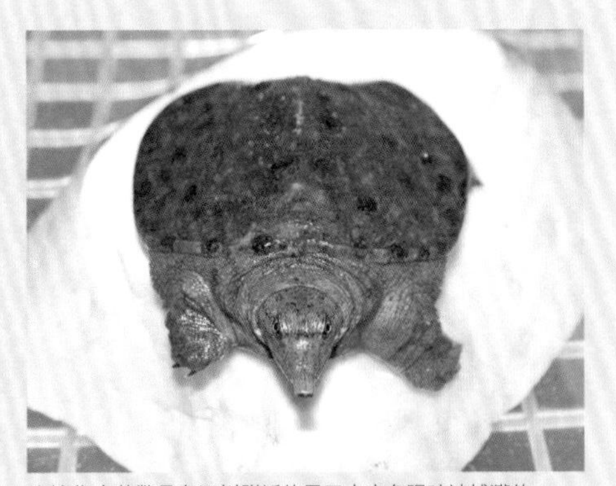

▲這隻中華鱉是在河川附近的旱田土中冬眠時被捕獲的。

冬眠的準備和順序

先讓牠排泄掉食物，確實管理好溫度

冬眠的時期

日本的烏龜進行冬眠的時期，東日本大致上是從10月末期開始，西日本則是從11月左右開始。當最低氣溫到了10℃左右，動作就會開始變得遲鈍，不過也得視烏龜的種類而異。

想要讓牠冬眠時，從春天到夏天，在冬眠前好好地餵食，讓牠培養體力是很重要的。

而幼龜或消瘦的個體、活力不足的烏龜因為伴有風險之故，不可讓牠進行冬眠。

讓牠排泄掉體內的食物

有充分的體力後，在冬眠前要讓烏龜肚子裡的東西全都排泄掉。這是因為體內如果殘留食物就進行冬眠的話，食物會腐壞而成為內臟疾病等的原因。從讓牠冬眠的2～3週前開始就要停止餵食，只給牠水。

冬眠的場所要保持在氣溫 5℃左右

讓牠在屋外進行冬眠時，以自然的溫度就可以了。如果要讓牠在室內冬眠，冬眠容器需放在溫度保持在5℃左右的場所。過度寒冷或是不夠低溫的地方，烏龜可能會凍死或是使用多餘的體力，造成冬眠失敗。當最高溫度超過15℃時烏龜就會開始活動，要注意。

冬眠中的管理與健康確認重點

- □……確認烏龜進行冬眠的容器周圍的溫度。大致標準為5℃左右。
- □……半水棲種和水棲種要偶爾加水，以免水分蒸發而減少。
- □……陸棲種和完全陸棲種要偶爾用噴霧器等將土壤或腐葉土噴濕，以免乾燥。
- □……從11月到2月，每月檢查烏龜的健康狀態1次；3月以後，每月檢查烏龜的健康狀態2次。
- □……健康檢查時要測量體重。體重極度減輕（超過冬眠前體重的5%）時，要更換為加溫飼養。
- □……健康檢查時，如果發現眼睛凹陷，就更換為加溫飼養。
- □……讓牠冬眠的期間，最長也僅限於4個月左右，以免發生危險。

將烏龜從冬眠中喚醒時

到了春天，最高氣溫超過15℃時，烏龜自然就會從冬眠狀態中醒來。

半水棲種＆水棲種

在屋外的水池冬眠時，溫度一上升，就要拆掉覆蓋在水池上的罩布。如果是在屋內的飼養容器冬眠時，就將容器移到溫暖的場所。烏龜一開始活動，就要花大約2個禮拜的時間讓水位慢慢下降，回到一般的飼養環境，從這個時候才能開始餵食。

陸棲種＆完全陸棲種

烏龜開始活動後，先做溫浴（P97）讓牠飲水，回到準備好熱區的一般飼養環境。使用保溫用具一點一點地提高溫度，約經過一個禮拜，等活動變得活潑後再開始餵食。剛開始時大多不怎麼進食，不過大概10天到2個禮拜後，就會開始進食了。

冬眠的方法

讓烏龜冬眠有2種方法。
一個是在室內飼養，準備冬眠用的容器，讓牠在室內冬眠。
另一個則是夏天時在庭院飼養，到了秋天直接讓牠在庭院裡進行冬眠。

半水棲種&水棲種

半水棲種中，會冬眠的有棲息在日本的石龜和金龜、歸化日本的密西西比紅耳龜、錦龜的同類等。水棲種中已知的則有中華鱉、刺鱉、擬鱷龜、鱷龜等。要讓飼養的半水棲種、水棲種的烏龜冬眠時，在水中和陸上進行都可以，不過讓牠在水中冬眠會比較安全。

● 讓牠在飼養容器中冬眠時

將水深調整為15～30cm，從龜甲上方到水面約10～15cm左右。除了水深之外，其他都和平常飼養時的狀況相同即可。當然也不用放入水中加熱器。

使用飼養容器時，烏龜冬眠後就要放置在玄關或置物間裡，並將溫度保持在5℃左右。

● 讓牠在屋外的水池等冬眠時

在屋外的水池或飼養容器飼養時，一到秋天，食慾變得低落後，就慢慢要加深水深，最後要調整到超過龜甲10～15cm左右。這樣做的目的是為了避免表面覆冰後對烏龜造成影響。

在寒冷地區於屋外水池冬眠時，可在水池上方覆蓋簾子或是塑膠布，這樣即使結冰了，冰層也不至於會太厚。

陸棲種&完全陸棲種

陸棲種中有三趾箱龜、食蛇龜等，完全陸棲種中則有歐洲陸龜和赫曼陸龜、四趾陸龜等是會冬眠的烏龜。

● 利用屋內的飼養容器時

到了秋天，要在儘量接近屋外溫度的環境下，不加溫地飼養。如此一來，食慾會漸漸低落，等牠不吃東西後就停止餵食，只給水。等牠不進食後過了2～3個禮拜，就移動到做為冬眠用的容器裡。

冬眠用的容器，可利用收納箱或衣物箱等，放入約30～40cm高的黑土，上面再鋪上約3cm厚的腐葉土或枯葉。移到冬眠用的容器後，在烏龜自己鑽入土中之前，還是只給水就好。

● 讓烏龜在庭院裡冬眠時

飼養在庭院等屋外時，只要氣溫一下降，烏龜自己就會挖洞，潛藏冬眠。

如果泥土很硬，就先鬆土約30～40cm的深度後，再輕輕壓平表面，調整成容易挖洞的硬度。烏龜冬眠的場所，請先建造避雨用的屋頂。

讓幼龜孵化！挑戰烏龜的繁殖！

拚命想要破殼而出的幼龜。
玩賞其可愛的姿態，
也是繁殖烏龜時的莫大魅力之一。
飼養如果順利的話，一定要嘗試繁殖！

孵化中的甜甜圈龜，喙的前端有附著卵齒。

向烏龜的繁殖挑戰！

孵化幼龜是在保護珍貴的種類

野生烏龜在全世界的數量正逐漸減少中，有不少已經瀕臨滅絕的危機。為數稀少的大部分烏龜都在華盛頓公約（P35）下受到嚴密的保護。以往很容易購得的輻射龜和蛛網陸龜等極具魅力的陸龜，現在如果沒有特別許可的話，已經不能飼養了。

烏龜減少的原因，除了環境破壞和人類濫捕以做為食用之外，做為寵物而濫捕也是重大原因之一。

繁殖烏龜不只能增加烏龜的流通量，就保護自然界的珍貴烏龜免於盜捕而言，也可以說是很重要的行為。

◀烏龜是從卵孵化的卵生動物。圖為孵化中的豹紋陸龜。

Check!

烏龜的產卵形態

烏龜的產卵時期依種類而異。大多數棲息於溫帶的烏龜產卵時期在北半球是從春天氣溫上升的5月到夏天，南半球因為季節相反，所以是從9月到翌年的1月；而棲息在熱帶地方的烏龜，除了氣溫之外，產卵期也會依雨季或乾季等而異，所以各個地區都各有不同。

關於烏龜的產卵場所，所有的種類都是在陸上。即使是像海龜或是豬鼻龜般一生幾乎都在水中生活的種類，也只有在產卵時會上陸，在砂地上挖洞，將卵產在裡面後，覆蓋砂子加以隱藏，以免卵受到外敵的襲擊。

讓成龜儲備體力！

繁殖對成龜——尤其是對雌龜來說——是賭命的行為。讓烏龜繁殖時，請充分注意烏龜的身體狀況。剛帶回家的瘦弱烏龜，馬上讓牠繁殖是非常危險的。至少要先飼養2年以上，等牠有體力後再讓牠繁殖。

另外，從冬眠中醒來後，氣溫一變得溫暖就發情的烏龜也不少。因為剛冬眠過的烏龜體力低落，如果考慮到繁殖，最好不要讓牠冬眠，採取加溫管理會比較安全。只是，其中也不乏沒有經過冬眠等的溫度變化就不發情的種類。對於這樣的種類，待其從冬眠中醒來後，就要充分給予營養價值高的食餌，讓烏龜具備充足的體力後再讓牠繁殖吧！

繁殖的準備

能否配對成功是影響繁殖成功與否的重點

雄龜和雌龜的辨識方法

烏龜的雌雄，只要成熟到某個程度，就可以簡單地做辨識。不過，其中也不乏難以分辨的種類，例如麒麟陸龜等。

最簡單的分辨方法是尾巴的差異。雄龜的尾巴裡有陰莖，所以根部又粗又長，泄殖孔的位置在尾巴的末端；反之，雌龜的尾巴短，和雄龜比起來，泄殖孔位在接近根部的地方。

除了尾巴之外，就完全陸棲種來說，另一個特徵是從上面俯視時，多數種類的雄龜體型都比雌龜的還要纖瘦。

還有，半水棲種的密西西比紅耳龜或金龜等，雌龜都長得比雄龜還大。此外，密西西比紅耳龜的同類，雄龜的爪子較長，目前已知他們會在雌龜的前面抖動爪子來求愛。

不同的種類各有不同的特徵，例如雄龜的體色會變成黑色（金龜）、頭的大小不同（中國大頭龜）、頭的顏色不同（眼斑水龜）等。

不過，整體來說，在幼龜時幾乎是難以區別雌雄的。

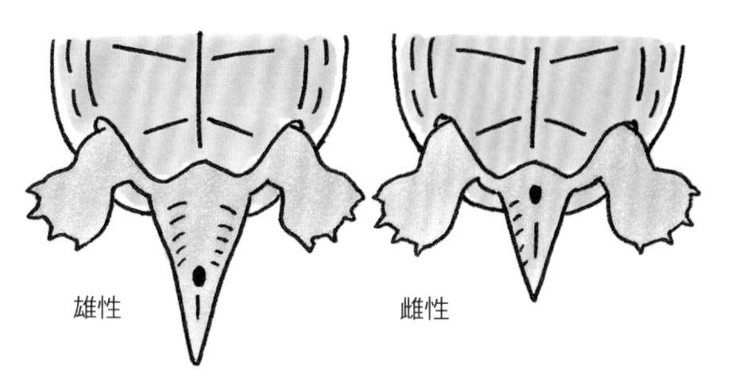

配對

想要讓烏龜的繁殖成功，有幾個重點，而最重要的當然就是能否順利配對了。進行正式的繁殖時，會飼養好幾隻烏龜，自然就能形成合得來的配對。無法飼養許多烏龜時，只要購入雄龜和雌龜一起飼養，大多也能自然成為一對。配對完畢後，就做好管理，培養足以產卵的體力吧！

讓剛進口不久的瘦弱個體或是體力不夠充足的烏龜產卵，可能會發生卵滯留等異常現象。剛購入不久體力尚未完備時，在烏龜儲備好體力之前，最好將雄龜和雌龜分別飼養。

可以繁殖的年齡和發情

烏龜的性成熟，在飼養下雄龜約要3～5年，雌龜約要4～10年。不過，還是得依種類和飼養環境而異。此外，和飼養年數無關，只要龜甲長達到成龜的尺寸，大概就能判斷為性成熟了。據說在野生狀態下，也有些種類要20年以上才會成熟。

成熟的烏龜發情後，會逐步踏上求愛→交尾→受精→產卵→孵化的階段。

即使將已經性成熟的雌雄烏龜一起飼養，只要有一方沒有發情，就無法交尾。而雌龜就算沒有交尾，只要體內的卵成熟了，還是會產卵。這時，產下的卵就是無精卵，所以不會孵化。

除了營養狀態之外，季節造成的溫度或日照時間的變化都會成為發情的契機。藉由人為製造符合棲息地氣候的溫度變化和日照時間，也可能讓烏龜順利發情。

半水棲種・水棲種的繁殖

飼養環境的準備

如果是半水棲種或是水棲種的烏龜，重要的是先整理好適合繁殖的飼養環境。重點有以下2項。

一個是水域的空間。這個族群的烏龜是在水中進行交尾的，所以請準備寬敞的水域空間以便雙方交尾。水深必須是龜甲高度的3～4倍以上。

第二個是陸場的空間。雖然交尾會在水中進行，不過雌龜產卵時會上陸，挖洞產卵，因此產卵的陸場必須確保其寬敞度。

此外，為了避免陸場和水域混淆，最好要完全地隔開來（參照插圖）。

交尾完成後，接近產卵的雌龜大多會待在陸場上，出現在土中挖洞等行為。一找到喜歡的場所，雌龜就會用後腳挖洞，將卵產下後，再覆蓋泥土將卵隱藏起來。從交尾到產卵的時期，雖然依種類而異，不過大約是1～4個月。

繁殖用的飼養容器例

在庭院飼養時

在陽台飼養時

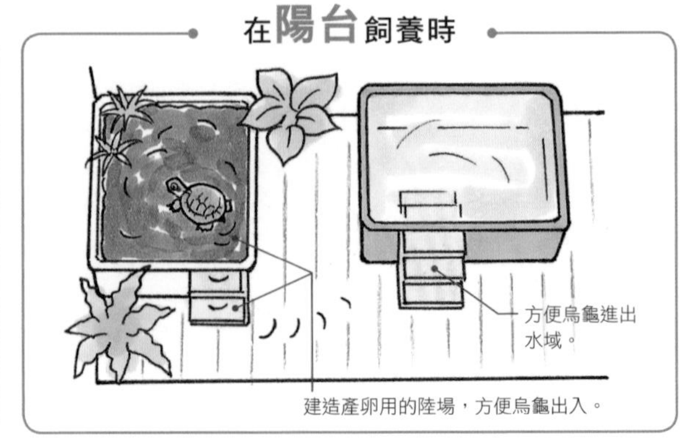

產卵到孵化後的管理

●孵化容器的管理

確認產卵後，儘量在24小時內慎重地將卵挖出，移到預先準備好的孵化容器中。如果是在屋外飼養，在庭院產卵時，也可以就這樣讓牠孵化，不過移動到孵化容器比較可以提高孵化率。

這個時候要注意的是卵的上下方向。請遵照和產卵時相同的上下方向，不可倒轉。龜卵的構造是在卵黃上部形成胚胎，卵的方向一變動，胚胎在卵黃中就會受到壓迫，可能會成為畸形或發育不良的原因，甚至有未孵化就死亡的情形。為了預防這種情況發生，在移動卵之前請先用鉛筆或是油性奇異筆在卵的朝上部分做記號，然後注意不可上下顛倒地輕輕挖出，放入容器中。孵化容器的墊材要預先挖出凹窪，以免卵滾動。

放卵的容器要加蓋以防止乾燥，但也禁止過度潮濕。卵會呼吸，所以要在蓋子上開幾個小洞。

溫度管理也很重要。請將溫度保持在26～30℃。順利的話，約2個半月就會開始孵化。不過，到孵化為止的時間是各有不同，久一點的也有要花上8個月的案例。

孵化容器

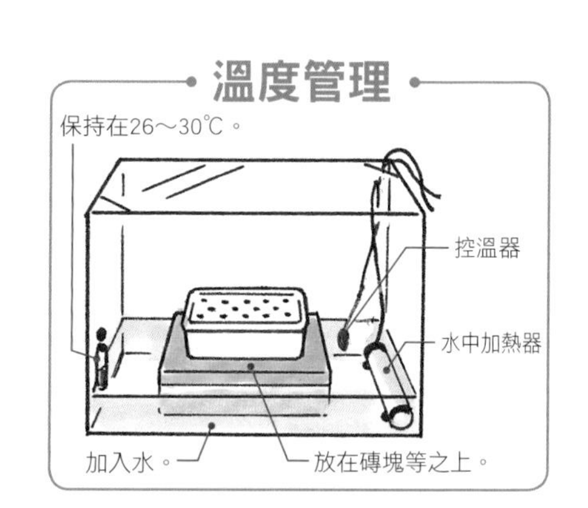

●孵化後的照顧

剛孵化的幼龜，有些個體腹部仍帶有卵黃。就算是沒有卵黃的個體，還是會靠體內殘留的卵黃來吸收營養，所以出生後約1～2個禮拜不會進食。

即使開始孵化了，也不需要急著將幼龜移到別的容器中。如果發現已經孵化的幼龜，就把牠移動到小型的飼養容器（事先裝入和孵化容器相同的墊材）裡。放入幼龜的容器要和孵化容器一樣保持在26～30℃，避免乾燥地進行管理。

剛孵化的幼龜龜甲是軟的，如果用力拿的話，可能會讓龜甲歪曲，因此要小心拿取。

孵化約10天後，卵黃被吸收，肚臍乾縮，龜甲也會開始變硬。接下來，就可以將幼龜移到加有淺水的飼養容器中，改換成一般的幼龜飼養法。

▲做好記號，並排在孵化容器中的卵。

▲使用鼻尖的卵齒破殼而出。（花龜）

▲剛孵化的金龜幼龜。

▲孵化後要移到加有潮濕水苔的容器中飼養。

陸棲種·完全陸棲種的

產卵場所的準備

到了繁殖期，陸棲種和完全陸棲種的雄龜就會開始追逐雌龜。如果發現有這樣的狀況，就表示臨近交尾了，請準備好產卵場所。和半水棲種比較起來，大部分種類都會挖掘較深的洞，所以準備好又寬敞又深的場所就是重點。

在屋外的庭院等飼養時，只要保持原樣就可以了。雖然不需要特別準備產卵床，不過庭院的泥土如果過硬，就要在一部分進行鬆土到30cm的深度，再輕輕壓平表面使其變硬。

在陽台或是室內產卵時，可以在稍大的收納箱或塑膠盆裡裝入土壤做成產卵床。不過，可以在這樣的場所讓烏龜產卵的僅限於歐洲陸龜或赫曼陸龜、四趾陸龜等小型的種類。要讓蘇卡達象龜或是豹紋陸龜等大型種類繁殖時，必須要準備庭院或專用的飼養小屋等寬敞的環境。

接近產卵的雌龜會出現挖洞的行為，發現喜歡的場所後就會產卵，然後覆土。從交尾到產卵的時期，大約需要1～4個月。

▲正在交尾的輻射龜。（於馬達加斯加的烏龜農場）

在屋外時

在室內或陽台時

從產卵到孵化後的管理

●孵化容器的管理

確認產卵後，24小時內要將卵挖出，移到孵化容器裡。移動的時候，要先在卵的上面做記號，不改變上下方向這一點和半水棲烏龜是一樣的（P111）。至於孵化容器的墊材，陸棲種的要放入潮濕的水苔等。

棲息在乾燥地區的完全陸棲種不喜歡卵被弄濕，所以要在孵化容器中鋪滿砂子等，上面挖出凹窪，再將卵並排上去。這個時候絕對不能弄濕卵，但如果過度乾燥的話，孵化時卵膜會貼附在幼龜身上，可能會造成孵化不順利。濕度方面，夏天時保持原狀就行了，其他的時期則要保持在70～90%。溫度雖依種類而異，但最好保持在28～30℃。溫度和濕度的管理有困難時，也可採取使用孵卵器的方法。

到孵化為止的天數，大約是2～4個月。

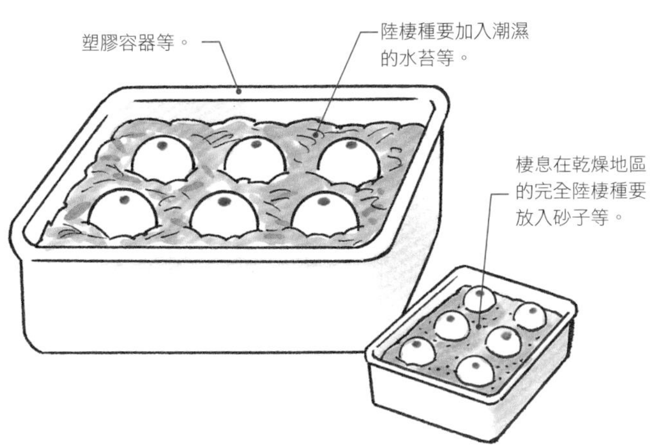

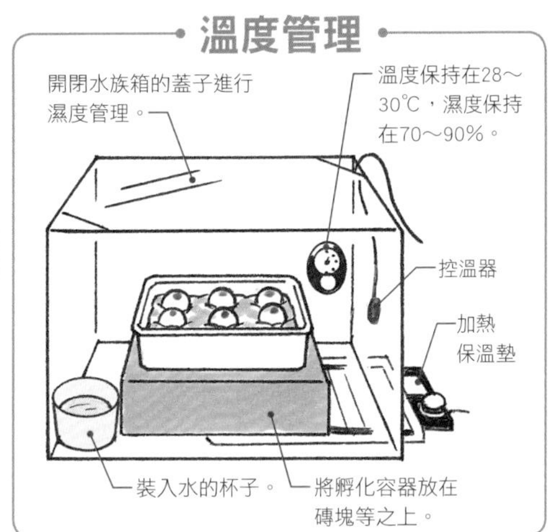

●孵化後的照顧

剛孵化的幼龜請移到和孵化容器相同環境的小型容器中。溫度和濕度的管理也和孵化容器相同。在此環境下約管理一個禮拜的時間。剛孵化的幼龜，會有好幾天的時間不吃東西。

孵化的3～4天後，請放入切細或磨碎的蔬菜，以及飲水用的水盤。孵化後約一個禮拜就會開始進食，之後，就以和幼龜相同的飼養環境來進行照顧。

▲孵化容器裡的卵。（黃頭象龜）

▲剛孵化的三趾箱龜。

活用孵卵器

烏龜的孵化，最重要的就是溫度和濕度的管理。使用孵卵器可以自動控制溫濕度，管理起來更加輕鬆。簡易的孵卵器大約2萬日圓左右就能購得。

其中有些機種有自動翻卵功能，不過烏龜的卵若上下搖動就無法正常發育，所以使用的時候一定要關掉翻卵功能。

▲用孵卵器孵化出來的黃頭象龜。

烏龜的健康檢查

烏龜今天健康嗎?來觀察烏龜的狀態吧!

當烏龜身體狀況不好時，
儘快處置是最重要的。
平常就要仔細觀察烏龜的樣子，
狀態有異時，請立刻做對應。

平日的觀察是重點。
(紅腿象龜)

疾病的原因是?

飼養環境對烏龜非常重要!再次確認各個種類適合的環境

烏龜生病的原因大致都是因為環境和食物所造成的。由於烏龜一生病大多無法治療，所以預防生病是最重要的。在此介紹只要飼主注意，就能夠改善的5個要點。

❶ 溫度・濕度

烏龜是變溫動物，無法自行調節體溫。由於體溫會隨著周圍的溫度而變化，所以在適合活動的溫度範圍下飼養非常重要。一脫離適當的溫度，活動性就會降低，代謝和免疫機能也會減弱，帶來疾病。對完全陸棲種來說，濕度也很重要。濕度一旦不足，就容易發生膀胱結石或是消化不良。

❷ 照明

想要烏龜健康地生活，適度的紫外線是不可欠缺的。一直在紫外線照射不到的室內環境飼養，不只會讓成長遲緩，也會帶來疾病。

❸ 空間

烏龜在自然界中是在廣闊的空間裡自由移動生活的。在狹窄的環境裡飼養，不僅肌肉和骨骼無法正常發育，也會感受到壓力而造成食慾不振和疾病。

❹ 水質

半水棲種和水棲種的烏龜，大多數的時間都是在水中度過的。水質若是因為排泄物或食物殘屑等而惡化，就會成為細菌感染的原因。此外，水一髒污就無法飲水，會引起脫水症狀。

❺ 食餌

烏龜依不同的種類而有不同的食性，給予適合該種類的食餌是最基本的。另外，烏龜在自然界中會吃許多種類的食物，如果老是給相同的食餌，會造成營養不均衡，導致疾病。

烏龜的健康檢查

烏龜是不是生病了？越早發現，就越容易應對。
身體狀況明顯變差時，大多是重病的徵兆，必須特別注意。

●整體情況

- [ ] ……是否充滿活力地活動著？
- [ ] ……有食慾嗎？
- [ ] ……游泳時是否傾斜（水棲種・半水棲種）？

●眼睛

- [ ] ……是否大大地睜開而且清澈閃亮？
- [ ] ……是否一直閉著眼睛？
- [ ] ……有腫脹或凹陷嗎？

●鼻子

- [ ] ……是否有流鼻水？

●嘴巴

- [ ] ……嘴巴是否一直開著？
- [ ] …… 是否發出咻—咻—的異常音？
- [ ] ……是否冒出泡泡？
- [ ] ……喙是否變長了？

●耳朵

- [ ] ……眼睛後方是否有腫脹或變紅？

●手腳

- [ ] ……有受傷或浮腫嗎？
- [ ] ……是否變得削瘦纖細？
- [ ] ……爪子是否過長？

●體重

- [ ] ……是否變輕了？

●尾巴・泄殖孔

- [ ] ……是否有下痢或便秘？
- [ ] ……泄殖孔的周圍是否髒污？

●龜甲

- [ ] ……是否有變形或滲血等異常？
- [ ] ……有適當的硬度嗎？

烏龜的身體

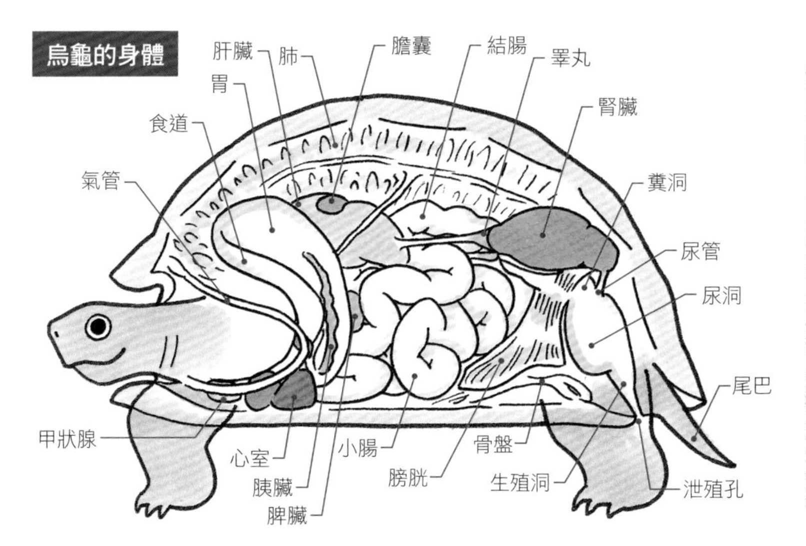

Check!

在狹窄的環境進行複數飼養是很危險的

飼養複數烏龜時經常會發生咬傷。在狹窄的飼養容器內飼養2隻以上的烏龜時，就會咬傷對方。從龜甲露出的手腳或尾巴、頭部等，都是很容易出現外傷的部位。

將烏龜飼養在足夠寬敞的空間裡是基本。如果這樣仍然會打架時，就一隻一隻以個別的飼養容器飼養吧！

烏龜的診察

尋找會幫烏龜看診的獸醫師

以目前的情況來說，可以幫烏龜看診的動物醫院還很少見。當烏龜生病時，請先重新審視飼養環境，改善可以自行改善的部分。因為只要這樣做，有很多疾病就能夠痊癒。

請醫生診察烏龜時，最好先打電話確認是否有幫烏龜看診後，再帶往醫院。

尋找動物醫院時，可以查詢網路或是爬蟲類專門雜誌等，也可以試著詢問有買賣烏龜的店家。

▲經常檢查健康狀態，一發覺不對勁就趕快應對吧！（密西西比紅耳龜）

記下成長記錄

記錄龜甲的長度和體重，有助於健康管理。請定期地做檢查吧！

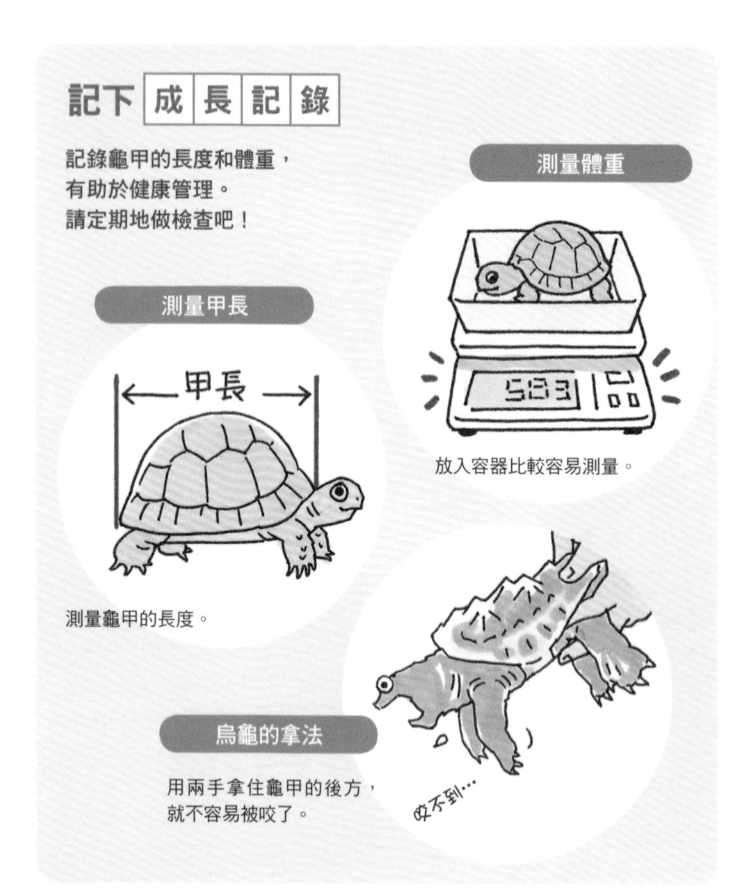

烏龜的排泄

烏龜會由尾巴內側的泄殖孔排泄。半水棲種和水棲種主要是在水中排泄。大多每天都會排泄糞便和尿液。

陸棲種和完全陸棲種主要是在陸場排泄，不過也會在水域排泄。除了糞便和尿液之外，也會排泄呈白色的黏糊尿酸。通常是每天排泄，不過也有水分攝取不足時就容易便秘的烏龜。溫浴（P97）有促進排泄的效果。

不管是哪種烏龜，都要記住其平常的排泄量和形狀。當狀態和平常不同時，就必須注意。

▲仔細觀察平日糞便的樣子。（四趾陸龜）

詢問獸醫師！烏龜常見的症狀及代表性疾病

主要症狀	主要疾病和原因
沒有食慾・缺少活力	◆代謝性骨疾➡P118 ◆細菌性肺炎➡P119 ◆鼻炎➡P119 ◆消化不良➡P120 ◆卵滯留➡P121 ◆膀胱結石➡P121 等多種疾病 ◆飼養環境不適當➡重新審視飼養環境 ◆發情➡沒有問題
皮膚泛白	◆皮膚炎➡P122
龜甲變形	◆代謝性骨疾➡P118
龜甲破裂	◆龜甲損傷➡P122
眼睛浮腫・眼睛睜不開	◆維生素 A 缺乏症➡P118 ◆身體狀況不佳
眼睛後方腫脹	◆中耳炎➡P119
喙變長	◆喙過長➡P123
流鼻水	◆細菌性肺炎➡P119 ◆鼻炎➡P119
不排便	◆消化不良➡P120 ◆膀胱結石➡P121
從臀部掉出某樣東西	◆陰莖脫垂・直腸脫垂➡P120

生病時的飼養環境應該如何？

重新審視飼養環境，在適當的環境清潔地飼養。

環境溫度最好比平常提高2℃左右。

複數飼養時，要和其他烏龜隔離。

了解症狀和原因，儘早採取對策！

樣子顯得怪異時，要立刻採取對策！（密西西比紅耳龜）

烏龜就算身體不適，
大多也只是安靜不動而已。
當烏龜顯得不舒服時，
很有可能症狀已經相當惡化了。
請儘早察覺，採取對策吧！

營養不良

維生素 A 缺乏症

症狀和原因

一般認為原因是給予品質差的食餌或是只餵食萵苣等淡色蔬菜所造成的。症狀特徵是眼窩腺（哈達氏腺）變質而導致眼瞼水腫。除此之外，還可見打噴嚏和流鼻水等呼吸道症狀、皮膚潰瘍等。是常見於半水棲種幼龜的疾病。

治療

餵食含有維生素A的黃綠色蔬菜，或是投與維生素A。請給予適當的食餌來加以預防吧！

代謝性骨疾

症狀和原因

是常見於完全陸棲種幼龜的疾病。原因是紫外線不足或是食餌的維生素D不足、鈣質和磷不平衡等造成的。會妨礙龜甲的硬質化，使得龜甲成長不良、軟化、變形。

治療

照射紫外線非常重要，所以要讓牠曬太陽，或是設置可照射紫外線的燈具或螢光燈管。給予適當的食物也很重要。有時可能要投與鈣或維生素D。

▶眼睛腫脹的密西西比紅耳龜幼體。

▶成長期發生龜甲軟化而變得扁平化。（四趾陸龜）

呼吸器官的疾病

細菌性肺炎

症狀和原因

烏龜的肺是由左右2葉所形成的。但因為氣管分枝部位於靠近頭部的地方，所以常因為誤嚥性（唾液或食物等進入氣管中）的感染，而造成單片肺葉遭到細菌侵犯。

主要症狀有呼吸急促、開口呼吸等，當水棲種、半水棲種的單片肺葉受到感染時，就會出現傾斜游泳，不想潛入水中等行為。

治療

投與抗生素來治療，有時必須強制餵食。在適當的飼養環境中飼養就能加以預防。

▶因為肺炎造成呼吸困難，在水面張開嘴巴的烏龜。（密西西比紅耳龜）

鼻炎

症狀和原因

常見於完全陸棲種。有各種原因，和細菌感染或因為缺乏維生素A所導致的鼻腔黏膜免疫低下、急遽的溫度變化、粉塵多的墊材等不適當的環境等，都有複雜的關係。

主要症狀是鼻孔分泌物造成的髒污和鼻水。此外，也會出現呼吸異常音或開口呼吸，或是烏龜特有的呼吸困難症狀（點頭：上下搖動頭頸部或四肢）。

治療

投與抗生素或維生素A。整頓出適當的飼養環境即可預防。

▶因為鼻炎導致外鼻孔分泌出白色鼻水。（星龜）

耳朵的疾病

中耳炎

症狀和原因

這是半水棲種、水棲種常見的疾病，主要原因是細菌感染。單側或兩側的鼓膜出現隆起，不過大部分都不會有活動力或食慾低落的情形。

治療

大多是導致發炎的物質堆積在中耳所造成的，所以有很多病例只靠內科治療是無法改善的。需進行外科性的鼓膜切開，將膿液排出。在清潔的環境內飼養就能預防。

◀因為中耳發炎導致鼓膜腫脹。（密西西比紅耳龜）

消化器官・泌尿器官・生殖器官的疾病

消化不良（便秘）

症狀和原因

經常發生在完全陸棲種的烏龜身上。由於消化管的內容物停滯在結腸，出現糞便排不出、食慾低下、呼吸變得急促等症狀。原因是運動不足或飲水不足、食物纖維質不足、飼養環境惡劣等。

治療

讓牠在寬敞的環境裡運動、做溫浴。如果這樣仍然無法改善時，除了投與乳酸菌或纖維素等藥劑之外，也可投與促進消化管蠕動的藥物。

以適當的飼養溫度給予適當的食餌，在寬敞的環境內飼養就可以預防。

◀糞便排不出時，溫浴是有效的方法。

內部寄生蟲

症狀和原因

一般認為原因是原蟲類、線蟲或條蟲等蠕蟲類，尤其是蟯蟲和蛔蟲等線蟲經常被檢出。雖然也有非病原性的寄生蟲，不過一旦發生病原性的重度感染，就會造成下痢或成長不良。糞便中有時也可看到寄生蟲的成蟲或卵，不過有時並沒有特別的症狀。

治療

投與驅蟲藥進行治療。

▲含於糞便中的蟯蟲成蟲。

陰莖脫垂・直腸脫垂

症狀和原因

一般認為消化不良或卵滯留造成的用力使勁是主要原因。症狀是黏膜從泄殖腔中脫離。乍看之下，陰莖呈蘑菇狀，直腸呈筒狀。當黏膜組織脫垂時，黏膜會因為步行而造成損傷，使得發炎狀況惡化。陰莖脫垂常見於金龜，直腸脫垂則似乎常見於陸棲種。

治療

進行外科性切除或整復治療。重點是平日就要給予適當的食餌，陸棲種則要給予纖維質和水分豐富的食餌。

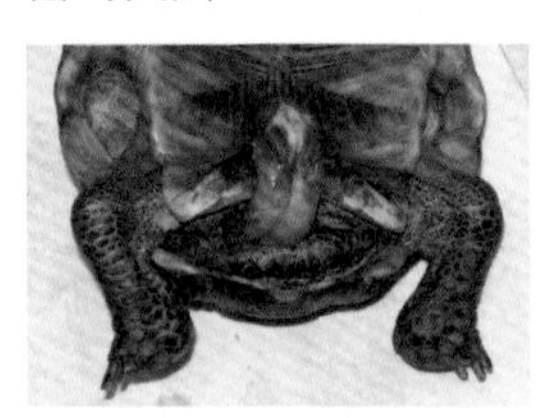

▲在陰莖脫垂的狀態下步行，造成發炎。（紅腿象龜）

▲直腸脫垂呈現筒狀。糞便會由內腔排泄，因此可做鑑別。（卡羅萊納箱龜）

缺乏活力的時候，可要早一點察覺哦！

卵滯留

症狀和原因

這是卵未被產下，停滯在體內的狀態，主要原因是沒有提供適合產卵的場所。就算已經整頓好適當的產卵場所，輸卵管炎、荷爾蒙失調、脫水等也可能會造成卵滯留，也或許是變性卵或過大卵等主要原因在於卵的情形，這些因素都複雜相關。

主要症狀有食慾和活動量低落、挖洞行為、使勁用力、從泄殖孔出血或流出分泌物等。可照X光來進行診斷。

治療

為了使其順利產卵，需整理好適合產卵的寬敞產卵床。如果這樣做仍然不產卵時，就要進行外科開甲手術，將卵摘出。

◀卵滯留（密西西比紅耳龜）：將停滯在泄殖孔的卵進行摘出的模樣。

膀胱結石

症狀和原因

常見於星龜、蘇卡達象龜、歐洲陸龜等身上的疾病。推測主要原因是脫水或輔助食品的鈣劑投與過剩所造成的。大多都是長大後才初次發現結石。

治療

從膀胱移動到泄殖腔的結石，可以從泄殖孔夾碎後摘出。無法這麼做時，就要以開甲手術摘出。在食物中添加鈣劑時要減量，還有減少高蛋白質的食餌（配合飼料等），都可以幫助預防結石。

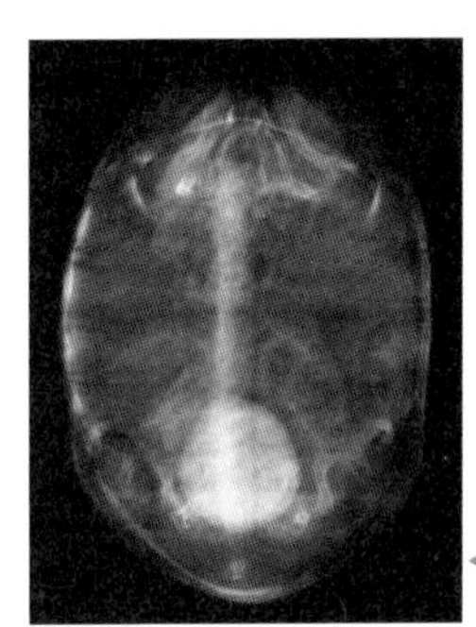

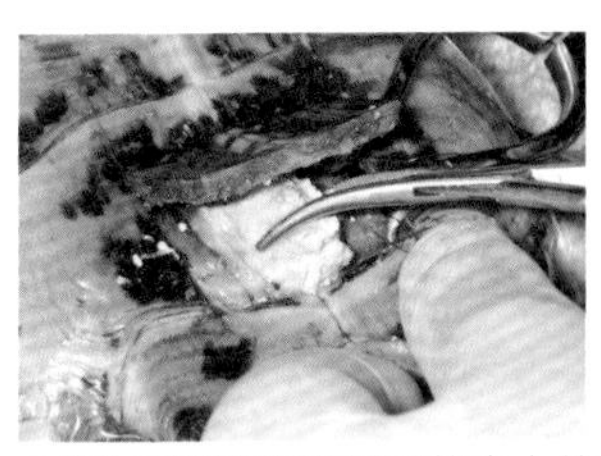

▲施行開甲手術從膀胱摘出大結石。（歐洲陸龜）

◀腹部有大結石的X光片圖。（星龜）

給藥的方法

●不從龜甲中出來時

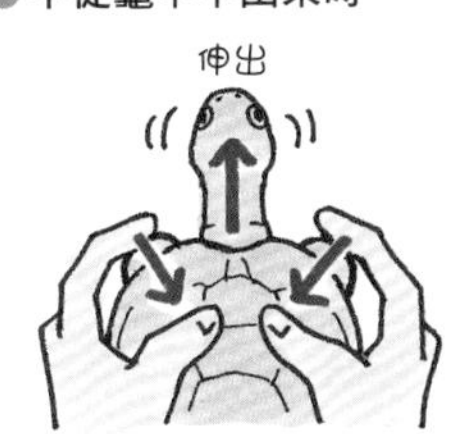

用力將手腳壓入龜甲中，頭部就會伸出來。

頭部朝下，拿起龜甲的後面部分，手腳就會露出來。

●藥水類

從喙的旁邊滴入。

混入飲水中讓牠飲用。

●眼藥

從眼睛旁邊滴入。

皮膚和龜甲的疾病

皮膚炎・外傷

症狀和原因

在同一個環境飼養複數烏龜時，就會發生咬傷其他同居烏龜的事故。還有，在飼養容器中碰撞到用具類等也可能會引起外傷。會出現因為外傷引起的細菌感染所造成的發炎、潰瘍、糜爛等症狀。

水棲種、半水棲種也會發生因為水質污染導致非細菌的真菌感染。龜甲的感染症被稱為shell rot（腐甲）。

治療

通常會消毒受傷患部來進行治療，不過當症狀嚴重時，就要對全身進行抗生素療法。

如果是複數飼養的咬傷，就要分開飼養，用具類的設置也要讓烏龜無法碰觸到。定期清掃，避免環境不乾淨就能加以預防。

1 將身體的水分擦乾。
2 將優碘等稀釋後塗抹。
3 放入沒有裝水的容器中幾個小時，待乾。
4 放回飼養容器。

龜甲的損傷

症狀和原因

由於交通事故或被狗等動物咬到的意外所致。可見龜甲的破裂或缺損、咬傷。尤其是腹甲比背甲還薄，損傷可能會波及到肺部或消化管等內臟。

治療

消毒患部，使用抗生素。破損的龜甲可用別針、鐵絲、板子、樹脂等進行修復。

在預防上，要避免讓牠接觸其他的動物，並且要防止牠從陽台或窗戶等處掉落。

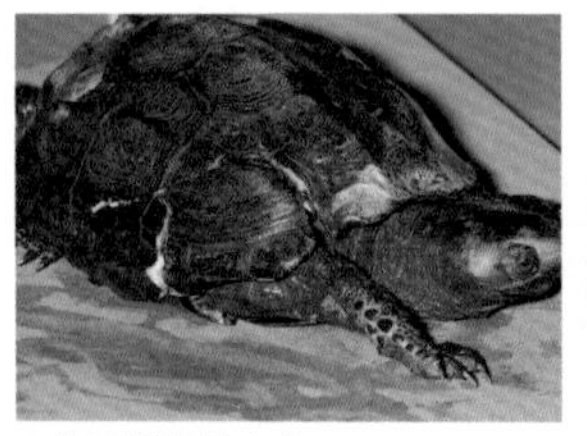
▲龜甲損傷的金龜。

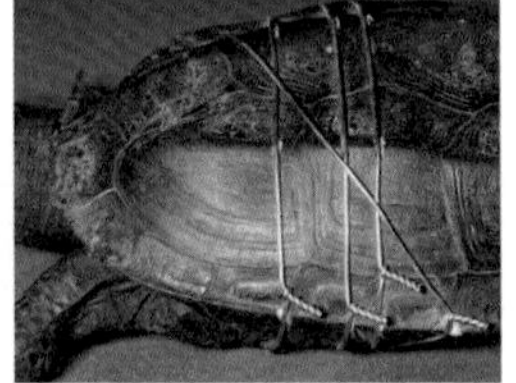
▲用別針或鐵絲來修復龜甲。

外部寄生蟲

症狀和原因

從野外採集的個體，可能會有蟎或蛭等寄生。也有可能因為被吸血而傳播各種傳染病。在飼養下繁殖的個體，比較不會出現外部寄生蟲。

治療

投與驅蟲藥進行治療。

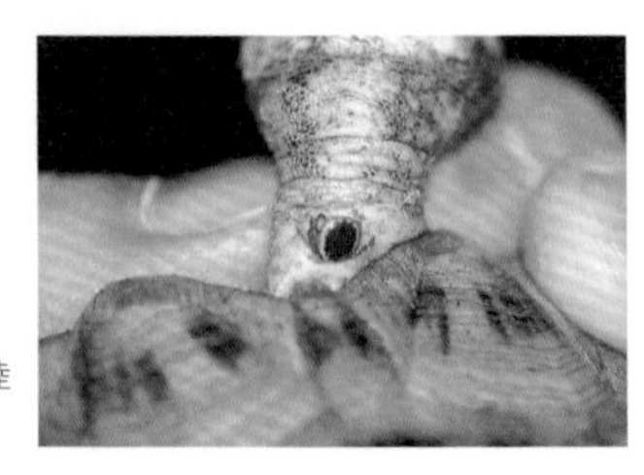
▶寄生在頸部的蟎。（扁尾陸龜）

其他疾病

喙過長

症狀和原因

主要原因為大多給予軟質食物，或是代謝性骨疾導致的頭骨變形等。喙一旦生長過長，就無法進食。

治療

放著不管，大多無法復原，所以要定期削修，整理成適當的長度。

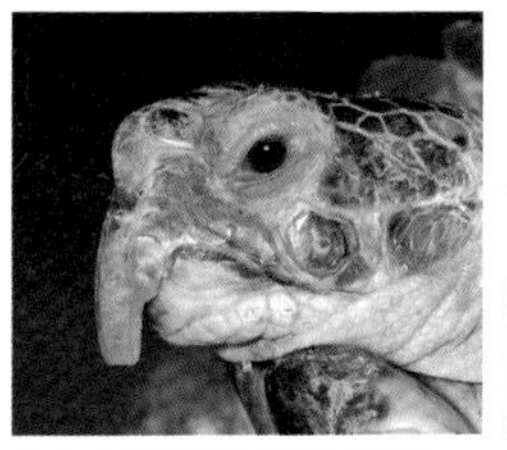

▲上面的喙過長的歐洲陸龜。

▲削切喙部，修整形狀。

熱射病

症狀和原因

原因是溫度過高，體溫無法下降。會出現張開嘴巴、呼吸困難，或是吐泡泡等症狀，放置不理將攸關性命。

治療

立刻將烏龜移動到涼爽處，少量地淋水，讓牠的體溫下降。須充分注意水溫和環境溫度的管理。

▶讓烏龜做日光浴時要避免長時間曝曬，一定要先準備好日陰場所。

萬一烏龜往生了……

烏龜一旦生病，有時即便做了治療也救不回來。由於烏龜的身體是會逐漸變壞的，所以當飼主察覺時，可能已經太遲了。

萬一烏龜往生了，除了埋在自家庭院之外，有些地區也可以由自治團體進行火葬，不妨詢問看看。

想要保留龜甲時，只要埋在庭院約一年的時間，就會殘留下龜甲和較大的骨骼。如果想要留下漂亮的龜甲表面，最好在埋入前先塗上保護膜。如果除了龜甲之外也想保留骨骼標本時，也有煮沸後留下龜甲和骨骼的方法。

烏龜Q&A 繁殖・休眠・健康管理篇

Q 從交尾到產卵，大約需要多久的時間？

A 交尾後到產卵的時間各有不同，大多約1～4個月。不過，一般認為烏龜只要交尾過一次，之後就算數年都不交尾，仍然能夠產下受精卵。一直到受精1～2年後，還能以高機率產下受精卵；幾年之後，雖然機率較低，也還是能夠產下受精卵。

Q 烏龜的產卵是一年一次嗎？

A 一般認為春季和秋季相加，烏龜一年之間可能有數次的產卵。棲息在溫帶的烏龜，大多是在從冬眠醒來的春天到秋天產卵；熱帶的烏龜則大多以降雨做為繁殖的契機。

飼養下的烏龜，產卵可能從一年1～2次到多一些的5～6次。另外，每次的產卵數會依種類和個體而有不同，一般都只有幾顆而已，大多是1～10顆左右。

Q 性別是由卵周遭的溫度決定的嗎？

A 一般認為烏龜的性別是由卵的周圍溫度決定的，其界限溫度會依種類而各有不同。

例如，有資料指出歐洲陸龜在29.5℃時全部是雄性，31.5℃時全部是雌性，30～31℃時則是雌雄混合；紅耳龜是在28℃以下為雌性，29℃時是雌雄混合，30℃以上則為雄性。界限溫度，似乎多在25～32℃左右。

▼爬蟲類是以卵的周圍溫度來決定性別的（＝溫度決定系統）。照片是食蛇龜的幼龜。

Q 想讓牠繁殖時，是否要讓牠冬眠比較好？

A 一般認為想讓烏龜繁殖時，讓牠冬眠會比較容易成功。不過，冬眠是伴隨有生命危險的行為，所以應該有很多人在冬天還是會進行保溫，希望烏龜不要冬眠吧！

雖然有些種類（例如三趾箱龜）不讓牠冬眠就難以繁殖，但如果不是這樣的種類，也有暫時性讓牠體驗寒冬來促使繁殖的方法。期間約從幾天到幾個禮拜，在此期間，將飼養溫度調到比平常低2～6℃來做管理。以人工的方式來製造低溫期，誘發牠的繁殖行為。

Q 烏龜會叫嗎？

A 烏龜不會像貓狗那樣發出聲音。不過，目前已知牠們在受到驚嚇等時會發出「咻！」的聲音，交尾時雄龜也會發出好像吠叫般的聲音。

▶有時受到驚嚇就會張開嘴巴發出咻的聲音。（巨頭麝香龜）

Q 烏龜的壽命大概有多久？

A 烏龜是長壽的象徵，一般認為半水棲種和水棲種、陸棲種約可活20～30年。完全陸棲種的烏龜以長壽聞名，有資料顯示牠們在自然界中可活50到100年，甚至有超過150年的。希望大家飼養烏龜時都能發揮愛心，讓牠能安享天年。

part
6

世界的烏龜圖鑑

本書依飼養環境的類型，
將烏龜分成半水棲種、水棲種、
陸棲種、完全陸棲種等4個族群。
介紹飼養環境和食餌等飼養方法的重點。

半水棲烏龜

生活於水中和陸地！半水棲烏龜們

佔了烏龜之中大多數種類
的半水棲烏龜族群。
特徵是生活在水域和陸場兩方。
像是密西西比紅耳龜（巴西龜）
或金龜之類大眾化的人氣種
都屬於這個族群。

黃斑地圖龜的幼體。

藉由換水和日光浴，健康地飼養吧！

半水棲烏龜是擁有許多人氣烏龜的族群。從以巴西龜聞名的密西西比紅耳龜等大眾化品種，到脖子像蛇一樣長的東澳長頸龜等有個性的烏龜，種類範圍廣泛又變化繁多。

店家販賣的大多是幼體，不過有些種類會成長到相當巨大。在購入時，請先充分確認成龜後大約會長到多大，再開始飼養吧！

飼養的重點

半水棲烏龜的飼養基本上並不難，不過若是疏於換水，就容易生病。飼養的重點在於經常換水。還有，讓烏龜適當地好好進行日光浴，也是健康飼養上的重點。

密西西比紅耳龜

學名● *Trachemys scripta elegans*

分布…………●美國南部
甲長…………●雄性約28cm，雌性約38cm
飼養難易度…●容易
食餌…………●配合飼料、乾燥飼料、冷凍赤蟲等
適溫…………●24～27℃
飼養容器……●60cm以上

特徵 幼體的龜甲等身體顏色是綠色的，因此在日本是以綠龜之名而廣為人知的大眾化品種（在台灣又稱為巴西龜）。其正確的名稱是密西西比紅耳龜。在日本，被丟棄在野外水池或河川等的個體已經自然繁殖了，但因為牠本來不是棲息在日本的烏龜，所以有可能會破壞生態系。飼養時，請慎重考慮是否能夠照顧到最後再加以飼養吧！

飼養 強健而容易飼養的烏龜，但若疏於換水或是不讓牠做日光浴的話，就容易生病，必須注意。

黃腹彩龜

學名● *Trachemys scripta scripta*

分布…………●美國
甲長…………●雄性約28cm，雌性約38cm
飼養難易度…●容易
食餌…………●配合飼料、乾燥飼料、冷凍赤蟲等
適溫…………●24～27℃
飼養容器……●60cm以上

特徵 紅耳龜的亞種，照片為幼體。正如其名，特徵是腹部呈黃色，沒有花紋。

飼養 飼養上，和以巴西龜之名為人熟知的密西西比紅耳龜同樣容易。因為是雜食性的，所以不管是配合飼料還是冷凍蝦、雞肉、昆蟲類等都照吃不誤。

▶ 幼龜必須注意水質的惡化，冬天最好使用加熱器來加溫。

亞基彩龜

學名● *Trachemys scripta yaquia*

分布…………●墨西哥
甲長…………●雄性約27cm，雌性約31cm
飼養難易度…●容易
食餌…………●配合飼料、乾燥飼料、冷凍赤蟲等
適溫…………●24～27℃
飼養容器……●60cm以上

特徵 這是分布在墨西哥亞基河等的彩龜同類。龜甲整體上呈現褐色，和其他彩龜相較之下給人稍微樸素的印象。進口量少，是很珍貴的烏龜。

飼養 飼養方法和紅耳龜同類一樣，不過冬天時必須使用加熱器加溫。

瓜地馬拉彩龜

學名● *Trachemys scripta grayi*

分布…………●墨西哥
甲長…………●雄性約28cm，雌性約38cm
飼養難易度…●容易
食餌…………●配合飼料、乾燥飼料、冷凍赤蟲等
適溫…………●24～27℃
飼養容器……●60cm以上

特徵 分布於瓜地馬拉到墨西哥瓦哈卡州的紅耳龜亞種。進口量少，是很珍貴的種類。紅耳龜的同類在耳朵部分大多有紅色的斑紋，而本種卻是以黃色斑紋為特徵。

飼養 飼養容易，和紅耳龜的飼養方式相同。

西部錦龜

學名● *Chrysemys picta bellii*

分布…………●美國西北部、加拿大南部
甲長…………●雄性約17cm，雌性約25cm
飼養難易度…●普通
食餌…………●配合飼料、乾燥飼料、冷凍赤蟲等
適溫…………●22～27℃
飼養容器……●60cm以上

特徵 腹部有鮮紅色的鑲邊，是非常美麗的烏龜。

飼養 飼養上和紅耳龜同類一樣。在日本可於屋外飼養，也可以向繁殖挑戰。喜歡做日光浴，不要只使用聚光燈，最好也能讓牠做做室外的日光浴。

中部錦龜

學名● *Chrysemys picta marginata*

分布…………●加拿大、美國
甲長…………●約18cm
飼養難易度…●普通
食餌…………●配合飼料、乾燥飼料、冷凍赤蟲等
適溫…………●22～27℃
飼養容器……●60cm以上

特徵 這是分布於美國中東部到加拿大的錦龜亞種。照片為成體，幼體的身體有紅色花紋鑲邊。

飼養 雜食性，什麼食餌都吃。如果不讓牠做充分的日光浴、水沒有保持乾淨的話，身體狀況就容易變壞。

南部錦龜

學名● *Chrysemys picta dorsalis*

分布…………●美國
甲長…………●約16cm
飼養難易度…●普通
食餌…………●配合飼料、乾燥飼料、冷凍赤蟲等
適溫…………●22～27℃
飼養容器……●60cm以上

特徵 背部有紅色線條為其特徵。在錦龜中屬於進口量多的，幼體在水族店等經常都有販售。

飼養 喜歡做日光浴。在室內飼養時，要使用波長近似陽光的燈具，在陸地上建造熱區。

黃斑地圖龜

學名● *Graptemys flavimaculata*

分布…………●美國（密西西比州的有限水域）
甲長…………●雄性約11cm，雌性約17cm
飼養難易度…●容易
食餌…………●蜆肉、冷凍赤蟲等
適溫…………●24～27℃
飼養容器……●60cm以上

特徵 在當地的數量因為環境破壞和濫捕作為觀賞用而大量減少，是受到嚴加保護的地圖龜。擁有非常美麗的花紋，所以很受歡迎，不過市面上也只有偶爾才會有歐洲繁殖的個體出現，很難取得，價格也昂貴。

飼養 肉食性強，喜歡吃昆蟲。可給予蜆等雙殼貝的肉。

▶正如其名，龜甲上有黃色斑紋為其特徵。

黑瘤地圖龜

學名● *Graptemys nigrinoda*

分布…………●美國（密西西比州）
甲長…………●雄性約11cm，雌性約15cm
飼養難易度…●容易
食餌…………●配合飼料、蜆肉、冷凍赤蟲、蟋蟀等
適溫…………●24～27℃
飼養容器……●60cm以上

特徵 以前常有進口，但現在因在當地受到保護，所以進口量也變少了。背甲上有黑瘤般的凸起，是小型的烏龜。

飼養 喜歡吃昆蟲類，不過配合飼料也吃得很好。喜歡日光浴，陸上部分最好使用專用的紫外線燈建造熱區。

格蘭德偽龜

學名● *Pseudemys gorzugi*

分布…………●美國西北部、墨西哥
甲長…………●約22cm
飼養難易度…●普通
食餌…………●配合飼料、蔬菜類等
適溫…………●22～27℃
飼養容器……●60cm以上

特徵 棲息在從美國流向墨西哥的里歐格蘭德河。偽龜同類和密西西比紅耳龜等紅耳龜屬的烏龜是近親族群。雖然可以由上顎的形狀等加以區別，不過外觀上非常相似，特別是幼龜個體的區別尤其困難。隨著成長，背甲的橘色會變化成紅褐色

飼養 本種的草食性強，最好以蔬菜等植物性食餌為主來餵食。

半島偽龜

學名● *Pseudemys peninsularis*

分布…………●美國（佛羅里達半島）
甲長…………●約36cm
飼養難易度…●普通
食餌…………●配合飼料、蔬菜類等
適溫…………●22～27℃
飼養容器……●120cm以上

特徵 頭部後上方有髮夾狀花紋為其特徵。偽龜屬的烏龜腹部並沒有花紋。

飼養 在當地棲息於河川或池沼等。草食性強，會吃水草等。餵食上最好以植物性的配合飼料或蔬菜類為主。

多明尼加彩龜

學名● *Trachemys stejnegeri vecica*

分布…………●多明尼加共和國
甲長…………●雄性約20cm，雌性約27cm
飼養難易度…●普通
食餌…………●配合飼料、蔬菜類等
適溫…………●22～27℃
飼養容器……●90cm以上

特徵 這是分布在多明尼加共和國的彩龜同類，特徵是側頭部的花紋為粉紅色的。

飼養 棲息在水草茂盛的池沼和河川中，為雜食性，會吃昆蟲和水草等。隨著成長，草食傾向會越來越強，所以可多給予蔬菜之類。

錦鑽紋龜

學名● *Malaclemys terrapin macrospilota*

分布…………●美國（佛羅里達半島）
甲長…………●約20cm
飼養難易度…●稍難
食餌…………●貝類、冷凍蝦等
適溫…………●24～27℃
飼養容器……●60cm以上

特徵 鑽紋龜7個亞種中的一種。是美麗的澤龜同類，背上的龜甲有鑽石般的六角形，因而得此名。別名汽水龜。

飼養 在當地棲息於靠近海岸的半淡鹹水池（汽水池）或海水區域，所以飼養時利用人工海水更勝於淡水，可以製作淡淡的海水來做為飼養水。是肉食性的烏龜，喜歡吃螺或蝦子等。水棲傾向強，但也喜歡日光浴。如果用淡水飼養，容易罹患皮膚病等，必須注意。

星點龜

學名● *Clemmys guttata*

分布…………●加拿大、美國
甲長…………●約14cm
飼養難易度…●普通
食餌…………●配合飼料、乾燥飼料、新鮮的魚貝類、蔬菜類等
適溫…………●18～27℃
飼養容器……●60cm以上

特徵 正如其名，特徵是黑色龜甲上鑲點著黃色星星般的花紋，是非常美麗的烏龜。星星的數目會隨著成長而逐漸增加，不過老成個體上的星星有消失的傾向。喜歡濕地或小河等水淺的場所，似乎不太棲息在水深超過1m的地方。

飼養 雜食性，會吃水草或小動物及其屍骸等，也會吃配合飼料。

石斑龜

學名● *Actinemys marmorata*

分布…………●北美西部沿岸
甲長…………●雄性約24cm，雌性約20cm
飼養難易度…●普通
食餌…………●配合飼料、乾燥飼料、新鮮的魚貝類、蔬菜類等
適溫…………●18～27℃
飼養容器……●60cm以上

特徵 目前已知有2個亞種，照片中的是從臉頰到喉部色彩明亮的基亞種──北部石斑龜。棲息在較大的河川中，雜食性，會吃水草、魚類、甲殼類、貝類等。此外還有南部石斑龜。

飼養 在飼養下，除了新鮮的魚貝類之外，蔬菜類或是配合飼料也都吃得很好。請為牠建造水域和陸場喔！

希臘石龜

學名● *Mauremys rivulata*

分布…………●歐洲東南部～以色列（地中海沿岸地區）
甲長…………●約25cm
飼養難易度…●容易
食餌…………●配合飼料、乾燥飼料、新鮮的魚貝類等
適溫…………●18～27℃
飼養容器……●90cm以上

特徵 也稱為希臘擬水龜、裏海石龜，廣泛分布於從歐洲東南部到以色列一帶的地中海沿岸地區。

飼養 為肉食性強的雜食性，配合飼料也可以吃得很好。比較能忍耐水質的惡化，是容易飼養的烏龜。

日本石龜

學名● *Mauremys japonica*

分布…………●本州、四國、九州
甲長…………●雄性約5～12cm，雌性約15～21cm
飼養難易度…●普通
食餌…………●配合飼料、乾燥飼料、新鮮的魚貝類、蔬菜類等
適溫…………●18～27℃
飼養容器……●60cm以上

特徵 日本固有種，棲息在本州、四國、九州山麓地區的河川或水田、池沼等。剛孵化的幼龜會以錢龜的名稱販售。

飼養 喜歡水比較乾淨的地方，所以必須注意水質的惡化。雜食性，各種食餌都會吃。

柴棺龜

學名● *Mauremys mutica*

分布…………●中國、越南、日本（移入種）
甲長…………●約20cm
飼養難易度…●容易
食餌…………●配合飼料、乾燥飼料、新鮮的魚貝類、蔬菜類
適溫…………●22～27℃
飼養容器……●60cm以上

特徵 也棲息在日本的烏龜，不過在八重山群島之外看到的，都是由外國帶進來的外來種。棲息於河川或水田、池沼中。背部長有鬚狀綠藻的稱為綠毛龜，在中國被認為是非常珍貴的。

飼養 雜食性，任何食餌都吃得很好，容易飼養。

金石龜

●雜交種

分布…………●中國、越南
甲長…………●約20cm
飼養難易度…●容易
食餌…………●配合飼料、乾燥飼料、新鮮的魚貝類、蔬菜類
適溫…………●18～27℃
飼養容器……●60cm以上

特徵 被認為是柴棺龜和金錢龜，或是金錢龜與安南擬水龜的雜交種。以前曾以金石龜的名稱被視為獨立品種。

飼養 飼養方法和柴棺龜一樣。雜食性，任何食餌都吃得很好。是很容易飼養的烏龜。

果龜

學名● *Notochelys platynota*

分布…………●泰國、馬來西亞、印尼
甲長…………●約30cm
飼養難易度…●普通
食餌…………●配合飼料、蔬菜類、水果類等
適溫…………●24～27℃
飼養容器……●120cm以上

特徵 一般烏龜配置在背部中心的盾板數是5片，但本種卻有6片，因此也被稱為六板龜。

飼養 習性近似陸棲種，不過在飼養下也經常會入水，最好幫牠建造水域。是草食性強的雜食性。

布氏擬龜

學名● *Emydoidea blandingii*

分布…………●加拿大、美國東北部
甲長…………●約27cm
飼養難易度…●普通
食餌…………●配合飼料、乾燥飼料、新鮮的魚貝類等
適溫…………●18～27℃
飼養容器……●90cm以上

特徵 在澤龜同類中算是會長到很大的種類。背甲的黃色呈放射狀，有些個體還會出現點狀。由於腹甲像閉殼龜同類般形成合葉，可以將頭部完全收入龜甲中。

飼養 喜歡棲息在濕地或池沼、小河川等乾淨的淺水處。為肉食性強的雜食性，在野生狀態下，除了魚、貝、甲殼類之外，也很喜歡吃兩生類。在飼養下可以用配合飼料馴餌。

▼有可耐低溫而不耐高溫的傾向。成體可以冬眠。

歐洲澤龜

學名● *Emys orbicularis*

分布…………●非洲西北部、歐洲（葡萄牙～立陶宛、希臘）、伊朗、俄羅斯
甲長…………●約20cm
飼養難易度…●普通
食餌…………●配合飼料、新鮮的魚貝類、昆蟲類等
適溫…………●18～27℃
飼養容器……●60cm以上

特徵 這是廣泛分布在歐洲的澤龜同類。已知有10個亞種，不過並未特別區別，僅以歐洲澤龜的名稱進口。棲息在水草茂盛的池沼、濕地、水路及流速緩慢的河川裡。

飼養 為肉食性強的雜食性，喜歡吃甲殼類、魚類、兩生類、昆蟲等。在飼養狀態下，配合飼料也可以吃得很好。

金龜

學名● *Chinemys reevesii*

分布…………●日本、中國、朝鮮半島、台灣
甲長…………●雄性約17cm，雌性約30cm
飼養難易度…●容易
食餌…………●配合飼料、新鮮的魚貝類等
適溫…………●18～27℃
飼養容器……●90cm以上

特徵 在日本的本州、四國、九州也都有分布的大眾化人氣烏龜。相對於石龜喜歡水質乾淨的山麓地區，金龜則棲息在平原地區的池沼、河川或水田。

飼養 雜食性，什麼食餌都吃，飼養容易，也可以向繁殖挑戰。本種的幼龜，和石龜一樣都以錢龜的名稱販售。在日本，6～7月左右會產下4～11顆卵，約2個月就會孵化。

▶背甲上有稱為脊稜（keel）的3條隆起線。

廟龜

學名● *Heosemys annandalii*

分布…………●越南、泰國、馬來西亞
甲長…………●約40cm（最大80cm）
飼養難易度…●稍難
食餌…………●配合飼料、蔬菜類、水果類等
適溫…………●22～27℃
飼養容器……●150cm以上

特徵 一般甲長約40cm，不過最大可以長到80cm的大型種。已知有全身呈乳白色的白子個體。在當地棲息於流速緩慢的河川或池沼中，喜歡吃水草等。在棲息地，因為飼養在寺院的水池中，故有「聖龜」之名。

飼養 由於會長成大型，所以飼養上必須有FRP（纖維強化塑料）製或樹脂製的大型容器。水棲傾向強，喜歡植物性食餌，請給予蔬菜等。

阿薩姆鋸背龜

學名● *Pangshura sylhetensis*

分布…………●印度、孟加拉北部

甲長…………●約20cm

飼養難易度…●普通

食餌…………●配合飼料、乾燥飼料、蔬菜類等

適溫…………●25～29℃

飼養容器……●60cm以上

特徵 鋸背龜中的小型種，成長後也只有20cm左右。棲息在海拔300m以下的河川或濕地等。

飼養 小的時候是雜食性，隨著成長，草食性也會變強。不耐冬天的寒冷，所以飼養時請將溫度保持在25℃左右。

三線棱背龜

學名● *Batagur dhongoka*

分布…………●印度、尼泊爾、孟加拉

甲長…………●雄性約25cm，雌性約45cm

飼養難易度…●普通

食餌…………●配合飼料、蔬菜類等

適溫…………●25～30℃

飼養容器……●120cm以上

特徵 棱背龜同類中的最大種。水棲傾向強，棲息在水深的河川或其周邊的濕地和池沼中。

飼養 草食性會隨著成長而變強，可以從小就以植物性食餌為主餵食。不耐低溫，必須注意溫度管理。

潘氏閉殼龜

學名● *Cuora pani*

分布…………●中國（陝西省）

甲長…………●約15cm

飼養難易度…●普通

食餌…………●配合飼料、乾燥飼料、蔬菜類、水果類等

適溫…………●22～27℃

飼養容器……●60cm以上

特徵 是進口量少的烏龜，偶爾會有歐洲或日本國內等繁殖的個體流通。屬於閉殼龜同類，被列入華盛頓公約的 II 類中。在當地棲息於海拔400～1000m附近的水田或溪流中。

飼養 為雜食性烏龜，配合飼料也吃得很好。

馬來閉殼龜
學名● *Cuora amboinensis*

分布…………●東南亞全域
甲長…………●約20cm
飼養難易度…●容易
食餌…………●配合飼料、冷凍蝦、乾燥飼料、蔬菜類等
適溫…………●25～30℃
飼養容器……●60cm以上

特徵 擁有廣泛分布區域的閉殼龜，已知有4個亞種。棲息在海拔500m以下的水田、池沼、濕地、河川等，在閉殼龜中屬於水棲傾向強的品種。

飼養 小的時候為雜食性，喜歡動物性食餌，不過草食性會隨著成長而變強。

黑木紋龜
學名● *Rhinoclemmys funerea*

分布…………●中美洲
甲長…………●約32cm
飼養難易度…●普通
食餌…………●配合飼料、乾燥飼料、蔬菜類、水果類等
適溫…………●24～27℃
飼養容器……●120cm以上

特徵 被列入棲息在中美洲的木紋龜屬中，為同屬中最大種的烏龜，進口量少。棲息在河川或池沼中，在此同類中似乎水棲傾向比較強。

飼養 在野生下會吃昆蟲或甲殼類、水果等，不過有強烈的草食性傾向。也會吃配合飼料。

齒緣攝龜
學名● *Cyclemys dentata*

分布…………●東南亞、菲律賓
甲長…………●約21cm
飼養難易度…●容易
食餌…………●配合飼料、乾燥飼料、蔬菜類等
適溫…………●24～27℃
飼養容器……●90cm以上

特徵 分布區域廣泛的品種，進口量也多。特徵是擁有圓形的龜甲。分布在海拔1000m以下的淺河川或水田、池沼中。是會吃水草或水棲小動物等的雜食性。

飼養 配合飼料也吃得很好，容易飼養，不過冬天時不耐低溫，請多注意。

斑紋動胸龜

學名● *Kinosternon acutum*

分布…………●猶加敦半島北部
甲長…………●約10cm
飼養難易度…●稍難
食餌…………●配合飼料、雞胸肉等肉類、新鮮的魚貝類等
適溫…………●25～28℃　飼養容器……●60cm以上

特徵 因為到鼻子為止的頭部形狀是細長的，所以在日本稱為長鼻動胸龜。在動胸龜同類中，龜甲的形狀也比其他種類細長。

飼養 動胸龜的同類大多是水棲傾向強的品種，所以飼養時，重點是要建造大一點的水域。在棲息地是肉食性強的雜食性，會吃魚類或甲殼類、水生昆蟲、小動物屍骸或水草等。野生採集的個體很難用配合飼料馴餌，必須注意。

阿拉莫斯動胸龜

學名● *Kinosternon alamosae*

分布…………●墨西哥
甲長…………●約13cm
飼養難易度…●普通
食餌…………●配合飼料、新鮮的魚貝類、蔬菜類等
適溫…………●25～28℃　飼養容器……●60cm以上

特徵 動胸龜的同類，棲息於墨西哥的索諾拉州到錫那羅亞州，從海岸地帶到海拔約1000m的高地都有分布。曾有一段時間都沒有進口，不過最近已經有繁殖的個體進口。

飼養 飼養方法和其他動胸龜同類一樣。要設置寬敞的水域，也要建造陸場。

條紋動胸龜

學名● *Kinosternon baurii*

分布…………●美國東南部
甲長…………●雄性約11cm，雌性約13.5cm
飼養難易度…●容易
食餌…………●配合飼料、乾燥飼料、冷凍赤蟲等
適溫…………●24～27℃
飼養容器……●60cm以上

特徵 特徵是背部龜甲上有3條亮色線條。幼體的時候非常美麗，因此很受歡迎。分布在佛羅里達半島南部到維吉尼亞州的大西洋沿岸地區。

飼養 可輕易用配合飼料馴餌，飼養、繁殖都比較容易。

北白唇動胸龜

學名● *Kinosternon leucostomum leucostomum*

分布…………●墨西哥～尼加拉瓜
甲長…………●約15cm
飼養難易度…●容易
食餌…………●配合飼料、新鮮的魚貝類等
適溫…………●24～27℃
飼養容器……●60cm以上

特徵 也稱為墨西哥白唇動胸龜，目前已知還有名為南白唇動胸龜的亞種。進口數量也比較多。

飼養 可輕易用配合飼料馴餌。一般採取具有寬敞水域的飼養形態。想要保持乾淨的水，可以使用熱帶魚用的外部過濾器等過濾裝置。

頭盔動胸龜

學名● *Kinosternon subrubrum*

分布…………●美國
甲長…………●約11cm
飼養難易度…●容易
食餌…………●配合飼料、新鮮的魚貝類等
適溫…………●24～27℃
飼養容器……●60cm以上

特徵 目前已知有密西西比動胸龜、頭盔動胸龜、佛羅里達動胸龜等3個亞種。在日本，進口最多的是密西西比動胸龜。

飼養 年幼的個體肉食性強，不過隨著成長，也會變得可以吃植物性食餌。

刀背麝香龜

學名● *Sternotherus carinatus*

分布…………●美國南部
甲長…………●約15cm
飼養難易度…●容易
食餌…………●配合飼料、新鮮的魚貝類等
適溫…………●24～27℃
飼養容器……●60cm以上

特徵 和頭盔動胸龜並列為進口量多的動胸龜。和其他動胸龜類一樣，水棲傾向較強。

飼養 飼養時要採取寬敞的水域，不過本種在此類中屬於喜歡日光浴的，所以要為牠建造陸地，小一點也沒關係。為肉食性強的雜食性，配合飼料也可以吃得很好。

巨頭麝香龜

學名●*Sternotherus minor*

分布…………●美國
甲長…………●約13cm
飼養難易度…●容易
食餌…………●配合飼料、新鮮的魚貝類等
適溫…………●24～27℃
飼養容器……●60cm以上

特徵 本種已知有2個亞種，照片中的個體是稱為巨頭麝香龜的基亞種，特徵是背部有3條脊稜。除此之外，還有虎紋麝香龜。

飼養 為偏好肉食性的雜食性。由於體型小，也很容易用配合飼料馴餌，所以飼養上很容易。水棲傾向強，飼養時最好為牠準備較大的水域。

▶隨著成長，頭部也會變大。飼養容易，可以進行繁殖。

大麝香龜

學名●*Staurotypus triporcatus*

分布…………●中美洲（猶加敦半島周邊）
甲長…………●約35cm
飼養難易度…●稍難
食餌…………●配合飼料、新鮮的魚貝類等
適溫…………●24～27℃
飼養容器……●120cm以上

特徵 英文名稱為Giant Musk turtle，是在動胸龜和麝香龜同類中體型最大的烏龜。棲息在水草茂盛、流速緩慢的河川或池沼等。

飼養 為肉食性強的雜食性，除了水果和種子、魚貝類、甲殼類之外，也吃青蛙等兩生類或小烏龜。飼養時最好使用稍大的水族箱建造寬敞的水域，並注意避免水質惡化。咬力強大，要小心別被咬到。

緬甸大頭龜

學名● *Platysternon megacephalum peguense*

分布…………●柬埔寨東北部、泰國北部・西部等
甲長…………●約20cm
飼養難易度…●稍難
食餌…………●配合飼料、新鮮的魚貝類等
適溫…………●20～26℃　飼養容器……●90cm以上

特徵 大頭龜的亞種，特徵是沿著腹部盾板的交界有著粗大的暗色條帶。

飼養 飼養時，要裝入約10cm深的水；為了防止脱逃，最好準備較深的容器或是水族箱，蓋好蓋子。大頭龜的同類都不耐高溫，由於棲息在溪流中，所以對水質的惡化很敏感，必須注意。

中國大頭龜

學名● *Platysternon megacephalum megacephalum*

分布…………●中國南部、東南亞
甲長…………●約20cm
飼養難易度…●稍難
食餌…………●配合飼料、新鮮的魚貝類等
適溫…………●20～26℃　飼養容器……●90cm以上

特徵 以大頭為特徵的烏龜，只有一屬一種。棲息在丘陵地等河寬約1m的溪流中，或是山谷溪流水深約10cm的場所。

飼養 肉食性，主要吃甲殼類或昆蟲、兩生類幼體、魚類等，但也會吃配合飼料。擅於攀爬岩石等，飼養時要注意避免脱逃。不耐夏季高溫，請注意溫度管理。

泰國大頭龜

學名● *Platysternon megacephalum vogeli*

分布…………●泰國
甲長…………●約20cm
飼養難易度…●稍難
食餌…………●配合飼料、新鮮的魚貝類等
適溫…………●20～26℃
飼養容器……●90cm以上

特徵 泰國產的大頭龜。以前被分類為另一亞種，現在則與中國大頭龜被視為相同亞種。體色是明亮的茶褐色。

飼養 飼養方法和中國大頭龜相同，不過最低溫度最好儘量保持在20℃以上。

紅頭扁龜

學名●*Platemys platycephala platycephala*

分布…………●南美
甲長…………●約18cm
飼養難易度…●普通
食餌…………●配合飼料、新鮮的魚貝類、蔬菜類等
適溫…………●27～30℃
飼養容器……●90cm以上

特徵 在此同類中屬於陸棲傾向強、較不擅長游泳的。正如其名，頭部和腹部有著鮮明的顏色。在當地，棲息於叢林中流速緩慢的淺河川或池沼、水窪等。

飼養 為動物食性強的雜食性，會吃魚類、甲殼類、昆蟲、貝類、水草等，但也會吃配合飼料。

刺股刺頸龜

學名●*Acanthochelys pallidipectoris*

分布…………●阿根廷、巴拉圭、玻利維亞
甲長…………●約17cm
飼養難易度…●普通
食餌…………●配合飼料、金魚、新鮮的魚貝類等
適溫…………●25～28℃
飼養容器……●90cm以上

特徵 水棲傾向強，一天中大部分的時間多在水中度過。夜間有時也會上陸。流通量少，是高價的烏龜。

飼養 肉食性，在當地吃魚類或甲殼類、蝌蚪等，但也會吃配合飼料。請在飼養容器中做出寬敞的水域。

東澳長頸龜

學名●*Chelodina longicollis*

分布…………●澳洲東部
甲長…………●約23cm
飼養難易度…●普通
食餌…………●配合飼料、金魚、新鮮的魚貝類等
適溫…………●20～27℃
飼養容器……●90cm以上

特徵 在澳洲是很普遍的長頸龜。

飼養 水棲傾向強，但也經常上陸做日光浴，所以要建造堅固的陸地。陸地上最好有照射紫外線燈。肉食性，喜歡吃金魚等。

窄胸長頸龜

學名● *Chelodina oblonga*

分布…………●澳洲西南部
甲長…………●約30cm
飼養難易度…●普通
食餌…………●配合飼料、金魚、新鮮的魚貝類等
適溫…………●20～27℃
飼養容器……●120cm以上

特徵 這是蛇頸龜同類中脖子最長的品種。在澳洲已經禁止野生種類攜出，所以只有極少數水族館等的繁殖個體流通。是非常高價的烏龜。

飼養 飼養方法和東澳長頸龜一樣。

黑腹刺頸龜

學名● *Acanthochelys spixii*

分布…………●巴西、阿根廷、巴拉圭、烏拉圭
甲長…………●約17cm
飼養難易度…●普通
食餌…………●配合飼料、金魚、新鮮的魚貝類等
適溫…………●27～30℃
飼養容器……●90cm以上

特徵 在蛇頸龜同類中是體型最小的，特徵是覆於頸部的棘狀突起。棲息在水草茂盛、流速緩慢的河川或池沼中。

飼養 肉食性，會吃魚類、甲殼類、貝類、兩生類、昆蟲等。飼養時，最好有寬敞的游泳空間，並以浮島或流木等做為陸地。因為很少上陸的關係，所以小一點也可以。

亞馬遜蟾頭龜

學名●*Phrynops raniceps*

分布…………●南美亞馬遜河流域、奧利諾科河流域
甲長…………●約30cm
飼養難易度…●普通
食餌…………●配合飼料、冷凍赤蟲、新鮮的魚貝類等
適溫…………●25～27℃
飼養容器……●90cm以上

特徵 特徵是大大的頭，經常和外表相似的蓋亞那蟾頭龜混淆。在當地棲息於河川或池沼中，吃水生昆蟲、甲殼類、貝類、魚類等。

飼養 飼養時，若是牠不吃配合飼料，可以給予金魚或冷凍蝦、貝類等，逐漸讓牠習慣。

新幾內亞癩頸龜

學名●*Elseya novaeguineae*

分布…………●新幾內亞
甲長…………●約30cm
飼養難易度…●普通
食餌…………●配合飼料、冷凍赤蟲、新鮮的魚貝類等
適溫…………●25～29℃
飼養容器……●90cm以上

特徵 棲息在新幾內亞河川或池沼的癩頸龜同類。雖然被認為是肉食性，不過詳細的食性並不清楚。已知和分布在澳洲的齒緣癩頸龜是非常相似的品種。

飼養 在飼養狀態下，配合飼料也可以吃得很好。水棲傾向強，但陸場也是必要的。

北花面蟾頭龜

學名●*Phrynops tuberculatus*

分布…………●巴西東部、巴拉圭
甲長…………●約25cm
飼養難易度…●普通
食餌…………●配合飼料、冷凍赤蟲、新鮮的魚貝類等
適溫…………●25～29℃
飼養容器……●90cm以上

特徵 這是特徵為頭部可見疣狀突起，但沒有花紋的蟾頭龜同類。分布區域比較狹窄，也有學者將分布在巴拉圭的個體群歸為一個亞種。是日本很少進口的品種。

飼養 肉食性，吃水生昆蟲或甲殼類、貝類、魚類等，但也會吃配合飼料。

希氏蟾頭龜

學名●*Phrynops hilarii*

分布…………●巴西、烏拉圭、巴拉圭、阿根廷
甲長…………●約40cm
飼養難易度…●普通
食餌…………●配合飼料、乾燥飼料、新鮮的魚貝類等
適溫…………●25～29℃
飼養容器……●120cm以上

特徵 特徵是通過眼睛部分的黑色線條。流通量多，飼養也容易，是非常受歡迎的烏龜。

飼養 進口的大多是小型的幼體，不過隨著成長，會長到將近40cm，所以需要稍大型的飼養容器。肉食性，喜歡吃新鮮的魚貝類或金魚。

花面蟾頭龜

學名●*Phrynops geoffroanus*

分布…………●阿根廷、烏拉圭等南美洲中、北部
甲長…………●約35cm
飼養難易度…●容易
食餌…………●配合飼料、冷凍赤蟲、新鮮的魚貝類等
適溫…………●25～29℃
飼養容器……●120cm以上

特徵 和希氏蟾頭龜一樣，是眼睛有黑線條通過的品種。棲息在湖泊或池沼、流速緩慢的河川中。肉食性，會吃甲殼類、貝類、魚類、兩生類等。

飼養 飼養時如果不吃配合飼料，可從金魚或蝦子等開始餵食，讓牠慢慢習慣。

布氏癩頸龜

學名●*Elseya branderhorstii*

分布…………●新幾內亞
甲長…………●約30cm
飼養難易度…●容易
食餌…………●配合飼料、乾燥飼料、蟋蟀等
適溫…………●25～29℃
飼養容器……●90cm以上

特徵 為分布在巴布亞新幾內亞的齒緣癩頸龜的同類。一般認為此類在新幾內亞可能有超過5種，不過記載的資料非常稀少。

飼養 雖然習性方面尚不清楚，不過飼養容易，喜歡吃配合飼料或蟋蟀等。

東非側頸龜

學名● *Pelusios subniger subniger*

分布…………●剛果、尚比亞、辛巴威、馬達加斯加、坦尚尼亞等
甲長…………●約20cm
飼養難易度…●普通
食餌…………●配合飼料、冷凍赤蟲、新鮮的魚貝類等
適溫…………●25～29℃
飼養容器……●60cm以上

特徵 以前以本種名稱流通的是龜甲呈黑色的西非側頸龜個體。本種大約是在2003年時開始進口到日本的，現在的進口量也同樣不多。塞席爾有本種的亞種棲息。

飼養 肉食性強，喜歡金魚或新鮮的魚貝類。

肯亞側頸龜

學名● *Pelusios broadleyi*

分布…………●肯亞（圖爾卡納湖）
甲長…………●約15cm
飼養難易度…●普通
食餌…………●配合飼料、乾燥飼料、冷凍赤蟲、金魚、蝦子等
適溫…………●24～27℃
飼養容器……●60cm以上

特徵 只分布在非洲的有限地區，是極少進口的品種。日本在2006年才開始有進口。這是龜甲上有著黑芝麻斑紋的美麗小型種烏龜，在日本國內的繁殖可望成功。

飼養 肉食性，可以給予金魚或鰷魚、蝦子等。

沼澤側頸龜

學名● *Pelomedusa subrufa*

分布…………●非洲大陸中部、南部（馬達加斯加）、沙烏地阿拉伯、葉門
甲長…………●約32cm
飼養難易度…●普通
食餌…………●配合飼料、乾燥飼料、新鮮的魚貝類等
適溫…………●22～27℃
飼養容器……●90cm以上

特徵 為進口量多的大眾化側頸龜同類，已知有3個亞種。肉食性強，除了水生昆蟲和魚類、甲殼類之外，也會集體攻擊爬蟲類或鳥類等。

飼養 在飼養下，除了新鮮的魚貝類之外，也很容易用配合飼料馴餌。一般認為在棲息地可能會冬眠。

黃頭側頸龜

學名●*Podocnemis unifilis*

分布…………●南美洲
甲長…………●約45cm（最大70cm）
飼養難易度…●稍難
食餌…………●配合飼料、蔬菜類等
適溫…………●24～27℃
飼養容器……●150cm以上

特徵 特徵是幼體的頭部有黃色花紋。水棲傾向強，大多待在水中。是草食性強的烏龜，具有將漂浮於水面的植物性浮游生物連同水一起吞下後，過濾食用的獨特習性。

飼養 食餌可以給予陸龜用的配合飼料或蔬菜類。因為會長到很大，必須使用廣大的飼養容器。

鋸齒側頸龜

學名●*Pelusios sinuatus*

分布…………●索馬利亞南部以南的非洲大陸東部
甲長…………●約45cm
飼養難易度…●普通
食餌…………●配合飼料、乾燥飼料、新鮮的魚貝類等
適溫…………●24～27℃
飼養容器……●150cm以上

特徵 為側頸龜中最大的品種。特徵是在背甲後半部鑲邊的盾板中央部突出，所以龜甲呈現鋸齒狀。棲息在河川或湖泊、大型池沼裡。

飼養 動物食性強的雜食性，喜歡吃兩生類或水生無脊椎動物、已成長的貝類等，但也可用配合飼料馴餌。

圓澳龜

學名●*Emydura subglobosa*

分布…………●新幾內亞島南部、澳洲北部
甲長…………●約25cm
飼養難易度…●容易
食餌…………●冷凍蝦、乾燥飼料、冷凍赤蟲等
適溫…………●20～27℃
飼養容器……●60cm以上

特徵 外表美麗，進口數量也多，是很受人喜愛的澳龜。照片中是色彩變異的個體。通常背甲是黑褐色的，頭部從眼睛後方開始會有白色的粗線條。

飼養 飼養容易。雖然肉食性強，但配合飼料也吃得很好。幼體容易罹患皮膚病，最好保持水質乾淨，設置穩固的陸場，讓牠可以完全曬乾龜甲。

世界的烏龜圖鑑 2

水棲烏龜

在水裡迅速游動！水棲烏龜們

除了產卵時之外，這個族群的烏龜幾乎都在水中生活。其中有很多姿態獨特的烏龜，例如中華鱉、豬鼻龜，以及楓葉龜等。

豬鼻龜的白子個體。

活用過濾裝置以保持良好的水質

水棲烏龜的同類，是大部分時間都待在水中的類型。

其中有因為外表可愛而受人喜愛的豬鼻龜、日本也有棲息的中華鱉同類，還有只要在水中靜止不動，看起來就和枯葉沒兩樣的擬態高手——楓葉龜等。

雖然種類不多，卻全都是別具個性的角色。

飼養的重點

飼養成功的重點就在於維持水質。想要維持良好的水質，可以參考熱帶魚的飼養形式。

水棲烏龜的水族箱可以使用即使水位低仍能運轉的外部式動力過濾器，或是小型的動力過濾器，非常方便。利用強力的過濾系統來淨化飼養水。當然，定期換水也是很重要的。

豬鼻龜

學名● *Carettochelys insculpta*

分布…………●新幾內亞島南部、澳洲（北領地北部）
甲長…………●約55cm
飼養難易度…●困難
食餌…………●配合飼料、新鮮的魚貝類、蔬菜類等
適溫…………●24～28℃
飼養容器……●150cm以上

特徵 為完全水棲烏龜。有一說認為最大可長到80cm以上，不過也有水族館長期飼養的個體龜甲長只長到約30cm左右的報告。

飼養 由於會成長到30cm以上，所以成體的飼養必須使用寬150cm×深80cm×高60cm以上的水族箱。適合用熱帶魚的飼養形式來進行。

刺鱉

學名● *Apalone spinifera hartwegi*

分布…………●美國
甲長…………●雄性約20～24cm，雌性約35～54cm
飼養難易度…●困難
食餌…………●配合飼料、新鮮的魚貝類、金魚等
適溫…………●24～27℃
飼養容器……●150cm以上

特徵 目前已知刺鱉有6個亞種。照片中為西部刺鱉。

飼養 重點在於水族箱要鋪上深度足可隱藏身體的細砂，並且保持水質清淨。被鱉類咬到非同小可，所以處理時必須非常注意才行。

萊氏鱉

學名● *Aspideretes leithii*

分布…………●印度
甲長…………●約50cm
飼養難易度…●困難
食餌…………●配合飼料、新鮮的魚貝類、金魚等
適溫…………●25～28℃
飼養容器……●150cm以上

特徵 特徵是頭部的黑色放射狀花紋。幼體背部的4個點非常顯眼，不過隨著成長就會越來越模糊。也稱為萊氏古鱉。

飼養 成長後約有50cm，所以要儘量用大飼養容器來飼養。雖然是肉食性，不過也很容易用配合飼料馴餌。

珍珠鱉

學名● *Apalone ferox*

分布…………●佛羅里達半島周邊
甲長…………●雄性約30cm，雌性約60cm
飼養難易度…●困難
食餌…………●配合飼料、新鮮的魚貝類、金魚等
適溫…………●22～27℃
飼養容器……●150cm以上

特徵 幼體如照片般有美麗的大理石花紋，不過隨著成長花紋也會逐漸消失。本種和紅耳龜（巴西龜）一樣，是被指定的需注意外來生物。就算無法飼養了，也絕對不可以野放到戶外。

飼養 為滑鱉屬中的最大種，所以最終還是需要大型的飼養設備。

▶為肉食性強的雜食性，除了配合飼料之外，也可以給予魚貝類或鰷魚、金魚等。

北印度箱鱉
學名● *Lissemys punctata andersoni*

分布…………●印度、孟加拉、尼泊爾、巴基斯坦、緬甸
甲長…………●約35cm
飼養難易度…●困難
食餌…………●新鮮的魚貝類、金魚等
適溫…………●22～27℃
飼養容器……●90cm以上

特徵 外觀和中華鱉相似，不過腹甲形成合葉，就像箱子一樣，可以將頭部和手腳藏進龜甲中。

飼養 和鱉類一樣，要厚厚地鋪上足以完全隱藏身體的細砂。注意避免水質惡化。清掃或照顧的時候，要小心別被咬到。

中華鱉
學名● *Pelodiscus sinensis*

分布…………●北海道除外的日本、中國、台灣、朝鮮半島、中南半島北部
甲長…………●約30cm
飼養難易度…●困難
食餌…………●配合飼料、新鮮的魚貝類、金魚等
適溫…………●22～27℃
飼養容器……●90cm以上

特徵 這是也有棲息在日本的河川或池沼的大眾化品種。目前各地都有養殖外國產的個體做為食用，寵物店則有幼體販賣。照片是日本產的白子個體。一般的個體體色呈灰褐色。

飼養 注意水質的惡化，管理上要小心避免被咬到。

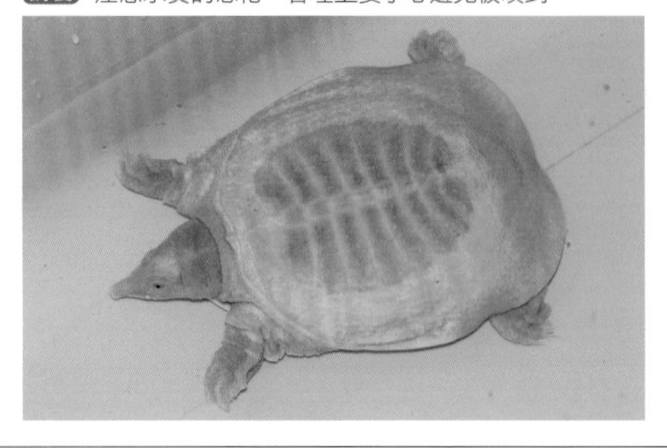

馬來西亞巨龜
學名● *Orlitia borneensis*

分布…………●馬來西亞、婆羅洲島、蘇門答臘島
甲長…………●約80cm
飼養難易度…●困難
食餌…………●配合飼料、新鮮的魚貝類、蔬菜類等
適溫…………●24～28℃
飼養容器……●180cm以上

特徵 地龜科中的最大種。在飼養下也會超過50cm，最後會需要用到市售的大型鯉魚池等，所以請充分考慮後再購入。

飼養 大部分都在水中生活，不過也會上陸，所以需準備可以做日光浴的陸場。雜食性，配合飼料也可以吃得很好。

楓葉龜

學名● *Chelus fimbriatus*

分布…………●南美洲（亞馬遜河、奧利諾科河流域）
甲長…………●約45cm
飼養難易度…●困難
食餌…………●活蝦、金魚等
適溫…………●24～28℃　飼養容器……●120cm以上

特徵 因為貌似枯葉的獨特外表而非常受人喜愛的烏龜。這是為了防禦外敵以及方便捕捉獵物的擬態。在當地，經常可於流經叢林、被稱為「Igarape」的小河流附近的枯葉堆積處見到。

飼養 在水族箱中要以伸長脖子時鼻子可到達水面的水深來飼養。餌料請餵食活餌。必須使用大飼養容器。被咬到會有危險，請注意。

鱷龜

學名● *Macrochelys temminckii*

分布…………●美國
甲長…………●約80cm
飼養難易度…●困難
食餌…………●配合飼料、脂肪少的雞肉、新鮮的魚類等
適溫…………●22～27℃
飼養容器……●180cm以上

特徵 外觀充滿了魄力，讓人聯想到怪獸。以前曾是大眾化品種，不過已由修訂動物愛護法指定為特定動物。雖然未像擬鱷龜般被禁止飼養，不過飼養時必須獲得地方自治團體的許可。會張開嘴巴用紅色舌頭引誘魚類前來，加以捕食。

飼養 成體的飼養上必須有巨大的水族箱。水深大約為龜甲高度的2～3倍，必須經常換水。咬合力很強，請小心處理。

亞洲鱉

學名● *Amyda cartilaginea*

分布…………●印尼、泰國、柬埔寨、馬來西亞、越南、緬甸
甲長…………●約80cm
飼養難易度…●困難
食餌…………●配合飼料、新鮮的魚貝類、雞肉等
適溫…………●25～29℃
飼養容器……●180cm以上

特徵 這是以印尼為中心，廣泛分布的大型鱉，據說成長後可到達80cm。照片中的個體是白子。在爬蟲類店可以見到色彩變異的個體。

飼養 飼養本身雖然容易，不過因為會長成大型，而且性格暴躁，長大後會變得非常棘手。如果不是熟悉烏龜飼養的人，應該很難飼養吧！

陸棲烏龜

在潮濕的陸地上生活！陸棲烏龜們

這是在森林等潮濕陸地上
生活的烏龜族群。
不喜歡乾燥的場所，
卻也不太進入水中。
其中有很多別具魅力的烏龜，
例如龜甲上有合葉的閉殼龜等。

黃額閉殼龜的亞種．布氏黃額閉殼龜。

準備可以讓牠進行水浴的水域！

此族群的烏龜並不棲息在乾燥的場所，卻也幾乎不入水，主要生活在陸地上。

其中有些是很受歡迎的人氣品種，像是有著可愛眼睛的食蛇龜，以及美麗的黃額閉殼龜等。以前多為價格合理、容易購得的種類，不過現在的進口量少，大部分都是價格昂貴的烏龜。

飼養的重點

飼養容器以陸地為主。採取較多的陸上部分，水域則設置水盤等可以讓牠進行水浴的程度即可。

有些種類不喜歡高溫，所以使用水族箱等空氣不易流通的環境飼養時，必須注意避免聚光燈等造成溫度的過度上升。此外，也不耐極度的乾燥，最好使用可以保濕的底砂。

黃額閉殼龜

學名● *Cuora galbinifrons galbinifrons*

分布	中國、越南、柬埔寨、寮國
甲長	約19cm
飼養難易度	稍難
食餌	配合飼料、昆蟲類、脂肪少的雞肉等
適溫	22～27℃
飼養容器	60cm以上

特徵 美麗且非常受人喜愛的閉殼龜。已知有3個亞種，照片中是基亞種的黑腹黃額閉殼龜。

飼養 略顯神經質，有不容易馴餌的傾向；對於這樣的個體，可以先將蟋蟀等昆蟲類降低活動力後再給予食用。陸棲傾向強，所以飼養時要以陸地為主，並設置可以進行水浴的水盤。

高背八角龜

學名● *Cuora mouhotii mouhotii*

分布…………●印度、泰國、中國、越南、緬甸、寮國
甲長…………●約20cm
飼養難易度…●普通
食餌…………●配合飼料、昆蟲類、水果類等
適溫…………●22～27℃
飼養容器……●60cm以上

特徵 這是也被稱為Mouhot's keeled box turtle的品種，以前曾歸於其他屬別，不過現在已經認定為和食蛇龜一樣同屬閉殼龜屬。背甲上有脊稜。

飼養 可以和其他陸棲烏龜以相同方式來飼養，不過不耐高溫和乾燥，必須注意。為肉食性強的雜食性，但也會吃配合飼料。

食蛇龜

學名● *Cuora flavomarginata flavomarginata*

分布…………●中國、台灣、日本
甲長…………●約19cm
飼養難易度…●容易
食餌…………●配合飼料、昆蟲類、水果類等
適溫…………●24～28℃
飼養容器……●60cm以上

特徵 一般流通的是稱為中國食蛇龜的亞種。在日本的石垣島、西表島都有稱為日本食蛇龜的亞種棲息，被指定為天然記念物。

飼養 飼養容易，愛吃昆蟲類和水果，也很容易用配合飼料馴餌。

百色閉殼龜

學名● *Cuora mccordi*

分布…………●中國
甲長…………●約16cm
飼養難易度…●普通
食餌…………●配合飼料、昆蟲類、水果類等
適溫…………●22～27℃
飼養容器……●60cm以上

特徵 有極少數日本繁殖的個體流通，但因為進口量少，是很難取得的閉殼龜，價格非常昂貴，背甲為紅褐色，有脊稜。

飼養 適合在設有水盤可進行水浴的陸生缸中飼養。在野生下吃昆蟲或水果等，不過也很容易用配合飼料馴餌。

容易… | 普通… | 稍難… | 困難…

三趾箱龜

學名●*Terrapene carolina triunguis*

分布…………●美國
甲長…………●約16cm
飼養難易度…●普通
食餌…………●配合飼料、脂肪少的雞肉、蔬菜類等
適溫…………●22～27℃　飼養容器……●60cm以上

特徵 卡羅萊納箱龜的亞種，是分布在美國的陸棲箱龜人氣品種。

飼養 這是棲息在草原等的陸棲種，適合採取喜愛濕氣的陸龜的飼養形式。幼體特別不耐乾燥，最好使用潮濕的水苔等能保持濕氣的墊材。

金錢龜

學名●*Cuora trifasciata*

分布…………●中國、柬埔寨、越南、寮國
甲長…………●約20cm
飼養難易度…●普通
食餌…………●配合飼料、昆蟲、蔬菜類等
適溫…………●22～27℃　飼養容器……●60cm以上

特徵 不棲息在低地，而是棲息在海拔10～400m左右的清澈河流或濕地附近、以及其周邊的草原或森林等。由於中國產的烏龜大多都被濫捕做為食用或藥用，再加上棲息地的開發等，因此包含本種在內的棲息數都大為減少。

飼養 雜食性，也很容易用配合飼料馴餌。

錦箱龜

學名●*Terrapene ornata ornata*

分布…………●美國（愛荷華州、伊利諾州、南達科他州、路易斯安那州等）
甲長…………●約14cm
飼養難易度…●普通
食餌…………●雜食性用的配合飼料、昆蟲類、乳鼠等
適溫…………●24～27℃　飼養容器……●60cm以上

特徵 錦箱龜的承名亞種，棲息在草原等乾燥場所。雖然有歐洲等地繁殖的個體進口，不過流通量並不多。

飼養 要準備偏乾燥的環境。本種為肉食傾向強的雜食性，食餌可給予水果、昆蟲類或乳鼠等。

金頭閉殼龜

學名●*Cuora aurocapitata*

分布…………●中國（安徽省南部）
甲長…………●約15.5cm
飼養難易度…●容易
食餌…………●配合飼料、乾燥飼料、水果等
適溫…………●24～28℃　飼養容器……●60cm以上

特徵 分布在中國安徽省南部的固有種。因可做為藥用等而受到濫捕，在當地已受到保護。列入CITES的II類，以閉殼龜同類來說屬於進口量少、價格高昂的。

飼養 喜歡入水，適合飼養在有較大水域的陸生缸。飼養上比較容易。

斑腿木紋龜

學名● *Rhinoclemmys punctularia*

分布…………●南美北部
甲長…………●約25cm
飼養難易度…●普通
食餌…………●配合飼料、昆蟲類、水果類等
適溫…………●22～27℃　飼養容器……●90cm以上

特徵 正如其名，在腳上有黑色的斑點花紋。棲息在森林或池沼中。

飼養 基本上是陸棲種，不過經常入水，所以要設置稍大一點的水域。為植物食性強的雜食性，尤其是幼體，請以植物性食餌為主來餵食。

亞洲巨龜

學名●

分布…………●柬埔寨、泰國、越南、馬來西亞、緬甸、寮國
甲長…………●約43cm
飼養難易度…●稍難
食餌…………●配合飼料、蔬菜類、水果類等
適溫…………●24～27℃　飼養容器……●150cm以上

特徵 這是棲息在流速緩慢的河川或水田、濕原及其周邊的大型地龜。

飼養 為草食性強的雜食性，也很容易用配合飼料馴餌。不過，鈣質不足或是以動物性食餌為主餵食的話，會造成肥胖，可能會突然死亡，必須注意。由於會長成大型，所以必須在寬敞的環境裡飼養。

黑山龜

學名● *Melanochelys trijuga*

分布…………●東南亞
甲長…………●約38cm
飼養難易度…●普通
食餌…………●配合飼料、冷凍蝦、水果類等
適溫…………●22～27℃　飼養容器……●120cm以上

特徵 分布廣泛，目前已知有7個亞種，照片中是亞種之一的緬甸黑山龜。有時會入水，不過大多在陸上生活。

飼養 有潛藏到枯葉等之下的習性，所以要厚厚地放入水苔或腐葉土，讓牠潛藏於其中休息。雜食性，也很容易用配合飼料馴餌。也會入水，最好設置水域。

太陽龜

學名● *Heosemys spinosa*

分布…………●泰國、緬甸、馬來西亞、印尼
甲長…………●約22cm
飼養難易度…●稍難
食餌…………●蔬菜類、水果類等
適溫…………●22～27℃　飼養容器……●60cm以上

特徵 特徵是龜甲邊緣有棘狀突起，因為形狀獨特而非常受到喜愛的烏龜。棲息在山間涼爽的清流區域，不耐高溫。

飼養 有潛藏到落葉中休息的習性，不妨依其身體潛藏的深度鋪上樹皮或腐葉土等。也要準備深度可浸泡到龜甲的水域。草食性強，要將蔬菜或水果切碎餵食。

完全陸棲烏龜

在陸地上度過一生的完全陸棲烏龜們

馬達加斯加的鐘紋摺背陸龜。

因為走路慢吞吞的可愛模樣，
也十分受到女性喜愛的烏龜們。
因為原本就不是棲息在日本的烏龜，
所以確實整備好飼養環境極為重要。
濕度、溫度和紫外線等日常管理
也要加以注意。

配合種類的特性來管理溫度和濕度

被稱為陸龜的完全陸棲烏龜們，正如其名是在陸上度過一生的族群。因為其穩重的姿態和可愛的表情而擁有高人氣，從以前起就被大量捕獲來做為寵物。

最近，由於自然開發等的環境破壞，數量大為減少。近年來，所有的陸龜品種都已批准列入華盛頓公約（P35）的Ｉ、Ⅱ類中，因此進出口都有規範，受到嚴格的保護。

飼養的重點

有些陸龜棲息在乾燥的沙漠地帶，也有些則是棲息在高濕度的森林中。

因此，不只是溫度，濕度的管理也很重要。不過，任何種類的陸龜都禁止過度乾燥或是濕氣過高。

印度星龜

學名● *Geochelone elegans*

分布…………●印度、斯里蘭卡、巴基斯坦
甲長…………●約38cm
飼養難易度…●稍難
食餌…………●配合飼料、野草類、蔬菜類、水果類等
適溫…………●27～30℃
飼養容器……●150cm以上

特徵 這是以身上的美麗星狀花紋為特徵的人氣陸龜。以前曾經是廟會攤販都有販售的大眾化品種，但因濫捕等而導致數量減少。現在進口的數量並不多。

飼養 不耐乾燥，最好放置水盤等來保持濕度。不耐低溫，要特別注意。

緬甸星龜
學名● *Geochelone platynota*

分布…………●緬甸
甲長…………●約30cm
飼養難易度…●普通
食餌…………●配合飼料、野草類、蔬菜類、水果類等
適溫…………●22～27℃
飼養容器……●150cm以上

特徵 和印度星龜非常相似，不過本種的特徵是身體比較細長。

飼養 對濕度和溫度不如印度星龜那麼敏感，所以比較容易飼養。食餌可以均衡給予陸龜用的配合飼料、蒲公英等野草類或蔬菜類、水果類等。不過高蛋白質的食物會成為結石的原因，最好避免。

阿根廷陸龜
學名● *Chelonoidis petersi*

分布…………●阿根廷、玻利維亞、巴拉圭
甲長…………●約25cm
飼養難易度…●稍難
食餌…………●野草類、葉菜類等
適溫…………●25～28℃
飼養容器……●120cm以上

特徵 棲息在乾燥地帶或有低木的草原等。已知會挖洞加以利用。為稀少、價格昂貴的烏龜。

飼養 這個品種的飼養環境不容易維持，而且也不耐乾燥和多濕。亞成體以上必須要有溫度變化，所以在稍大的飼養設備中使用聚光燈等做出溫度變化是非常重要的。食量不大，最好將野草或葉菜類切成容易進食的大小後再餵食。

豹紋陸龜
學名● *Stigmochelys pardalis*

分布…………●非洲東部、南部
甲長…………●約70cm
飼養難易度…●困難
食餌…………●配合飼料、野草類、蔬菜類、水果類等
適溫…………●23～30℃
飼養容器……●180cm以上

特徵 照片中是幼體，顏色比較淡，但隨著成長，顏色會逐漸加深，龜甲的隆起幅度也會變大。這是最大約可長到70cm的大型種，但在飼養狀態下並不會長到那麼大，大多在40cm左右。

飼養 不耐多濕，在濕度管理上可稍微乾燥一些。此外，幼體最好以28～30℃左右的高溫來管理。需要大型的飼養設備。

亞達伯拉象龜

學名●*Dipsochelys dussumieri*

分布…………●亞達伯拉群島、塞席爾群島
甲長…………●約120cm
飼養難易度…●困難
食餌…………●野草類、蔬菜類、稻草等
適溫…………●24～28℃
飼養容器……●必須有專用的飼養房間

特徵 和加拉巴哥象龜同為龜甲超過100cm的超大型種陸龜。也有體重超過100kg的個體。

飼養 飼養本身是容易的，不過成長速度一快，就會引起骨骼異常發達，所以不能給予營養價值高的食物。食餌最好以纖維質多的野草類或稻科植物、稻草等為主。因為會長成龐然大物，所以需要專用的寬敞庭院或飼養小屋等。請充分考慮成長後的情形再決定購入。

▶照片中是幼體。雄龜會長得比雌龜還大。

紅腿象龜

學名●*Chelonoidis carbonaria*

分布…………●南美洲中～北部
甲長…………●約50cm
飼養難易度…●普通
食餌…………●配合飼料、野草類、蔬菜類、水果類等
適溫…………●28～30℃
飼養容器……●150cm以上

特徵 正如其名，以腿上的紅色鱗片為其特徵的陸龜。棲息在高溫多濕的場所，所以不耐低溫及乾燥，但在多濕的日本則是容易飼養的品種。近親種有黃腿象龜。

飼養 飼養時，墊材要保持潮濕，設置大小可讓身體進入的裝水容器。成長後，即使在飼養下也會超過40cm，所以需要大型的飼養設備。食餌以蔬菜為主，水果等偶爾給予即可。

◀照片中是幼體。腿部和頭部的紅色鱗片會隨著成長而變淡。

德州穴龜
學名● *Gopherus berlandieri*

分布…………●美國（德州）、墨西哥北部
甲長…………●約24cm
飼養難易度…●困難
食餌…………●野草類、蔬菜類
適溫…………●25～30℃
飼養容器……●150cm以上

特徵 這是棲息在北美的穴龜同類。會在半沙漠地區或森林裡挖洞來生活。

飼養 不喜歡多濕，因此在多濕的日本環境中要長期飼養並不容易。要使用比較大的飼養容器，並設置可以溫暖身體的熱區。飼養上請使用乾燥的赤玉土或爬蟲類專用墊做為墊材，並保持通風良好。食餌要以纖維質多的野草或蔬菜類為主。

挺胸龜
學名● *Chersina angulata*

分布…………●南非共和國
甲長…………●雄性約27cm，雌性約21cm
飼養難易度…●困難
食餌…………●野草類、蔬菜類等
適溫…………●24～28℃
飼養容器……●150cm以上

特徵 棲息在非洲南部的森林或半沙漠地區，隨著成長，腹甲末端會變成像木杓的形狀。

飼養 基本上喜歡乾燥的環境，不過在飼養下並不喜歡多濕和乾燥，所以要保持適當的濕度環境並不容易。冬天等過度乾燥時，請使用椰殼屑等做為墊材，以維持濕氣；夏天等濕度高時，則要注意保持良好的通風等。

蘇卡達象龜
學名● *Geochelone sulcata*

分布…………●非洲中央部（塞內加爾～衣索比亞）
甲長…………●約70cm
飼養難易度…●稍難
食餌…………●野草類、蔬菜類等
適溫…………●22～27℃
飼養容器……●需要專用的飼養房間

特徵 這是大眾化且很受喜愛的陸龜，一般販賣的是5cm左右的幼體。棲息在沙漠或熱帶草原。

飼養 幼體很可愛，不過成長速度快，最後會需要飼養房間之類的大型飼養設備，所以請充分考慮過後再購入。食餌以富含纖維質的蔬菜類或野草類為主，可添加鈣劑。

歐洲陸龜

學名● *Testudo graeca*

分布…………●北非、南歐、中東及舊蘇聯西部
甲長…………●約30cm
飼養難易度…●容易
食餌…………●野草類、蔬菜類等
適溫…………●18～27℃
飼養容器……●90cm以上

特徵 很受人喜愛的陸龜，已知有17個亞種。

飼養 耐於環境的變化，是容易飼養的種類，不過嚴禁激烈的溫度變化。亞種中的黃金歐陸不耐低溫，必須注意。要避免高蛋白質的食餌，餵食請以野草或蔬菜為主。

赫曼陸龜

學名● *Testudo hermanni boettgeri*

分布…………●歐洲地中海沿岸
甲長…………●約35cm
飼養難易度…●容易
食餌…………●野草類、蔬菜類
適溫…………●18～27℃
飼養容器……●120cm以上

特徵 目前已知有西部、東部、達爾瑪西亞等3個亞種，照片為東部赫曼陸龜。和歐洲陸龜非常相似，不過還是能從龜甲的形狀等來做區別。和歐洲陸龜同樣是非常受人喜愛的品種。

飼養 是容易飼養的品種，和歐洲陸龜的飼養法相同。如果是成體，在日本飼養時也可以養在室外。

緣翹陸龜

學名● *Testudo marginata*

分布…………●阿爾巴尼亞東南部、
義大利東南部群島、希臘南部
甲長…………●約39cm
飼養難易度…●稍難
食餌…………●野草類、蔬菜類等
適溫…………●18～27℃
飼養容器……●150cm以上

特徵 這是別名扇尾陸龜的品種。由於鑲框身體的盾板後半部大幅翹起伸展，因而得此名。

飼養 不喜歡多濕，所以必須採取促進通風、使用吸收濕氣的乾燥赤玉土等可以降低濕氣的對策。食餌和歐洲陸龜及赫曼陸龜相同。

四趾陸龜

學名● *Testudo (Agrionemys) horsfieldii*

分布…………●巴基斯坦北部～中國西部～伊朗
甲長…………●約26cm
飼養難易度…●普通
食餌…………●野草類、蔬菜類等
適溫…………●22～27℃
飼養容器……●90cm以上

特徵 這是在日本也稱為霍氏陸龜的種類，已知有3個亞種。別名俄羅斯陸龜。照片是稱為阿富汗陸龜的基亞種。

飼養 雖然是進口量多的大眾化陸龜，不過在習慣環境之前很容易生病，必須注意。不耐高溫多濕，夏天時要保持良好的通風，避免悶熱。

鐘紋摺背陸龜

學名● *Kinixys belliana*

分布…………●非洲中～南部、馬達加斯加（移入）
甲長…………●約20cm
飼養難易度…●稍難
食餌…………●配合飼料、昆蟲類、蔬菜類、水果類等
適溫…………●25～28℃
飼養容器……●90cm以上

特徵 特徵是龜甲後部有合葉，可以彎曲龜甲的小型種。即便是在乾燥的熱帶草原中，也會選擇濕度高的場所來棲息。

飼養 適合有濕度的環境。不耐低溫，所以冬天必須注意保溫。喜歡成熟的水果，也會吃昆蟲。

荷葉摺背陸龜

學名● *Kinixys homeana*

分布…………●非洲西部
甲長…………●約22cm
飼養難易度…●稍難
食餌…………●配合飼料、昆蟲類、蔬菜類、水果類等
適溫…………●25～28℃
飼養容器……●90cm以上

特徵 和鐘紋摺背陸龜一樣，可以彎曲龜甲。本種雖屬於摺背陸龜，外貌卻相似於地龜。

飼養 包含本種在內，摺背陸龜的同類在飼養時都禁止乾燥。最好在飼養容器內放置可讓身體進入的水盤，或是放入深度足可隱藏身體的高保濕性腐葉土等。冬天時，請將整個容器內的溫度調整到適溫。摺背陸龜的同類大多是野生的個體，需要花時間才能習慣環境，有稍微難飼養的一面。

靴腳陸龜

學名● *Manouria emys*

分布…………●印度東北部～泰國西部、馬來半島、印尼、馬來西亞
甲長…………●約60cm
飼養難易度…●普通
食餌…………●配合飼料、野草類、蔬菜類、菇類等
適溫…………●26～30℃
飼養容器……●180cm以上

特徵 棲息在熱帶雨林溪流附近的亞洲最大陸龜。照片是基亞種的棕靴腳陸龜。

飼養 喜歡高溫多濕，會長成大型，所以需要室內的大型設備。由於只要是棲息在溪流區域的烏龜，每一種都很擅長攀爬岩石，因此必須注意脫逃。

▶草食性強的雜食性。別名為六足陸龜。

麒麟陸龜

學名● *Manouria impressa*

分布…………●緬甸、馬來西亞、越南、泰國
甲長…………●約30cm
飼養難易度…●困難
食餌…………●配合飼料、野草類、蔬菜類、菇類等
適溫…………●24～28℃
飼養容器……●150cm以上

特徵 橘紅色的龜甲非常美麗。由於飼養方法並未確立，是難以飼養的陸龜之一。

飼養 不耐高溫和低溫，也不耐多濕和乾燥。因此要有寬敞的飼養空間，將溫度保持在24～28℃，並部分性地做出溫度變化，以讓烏龜可以移動到自己喜歡的溫度處。另外，濕度方面同樣要利用空調和加濕器來調整。食餌以菇類為主，不過很難讓牠馴餌。

餅乾龜

學名●*Malacochersus tornieri*

分布…………●非洲東部（肯亞、坦尚尼亞）
甲長…………●約18cm
飼養難易度…●容易
食餌…………●配合飼料、野草類、蔬菜類、水果類等
適溫…………●26～30℃
飼養容器……●90cm以上

特徵 正如其名，有如餅乾般形狀扁平的烏龜，因為其特別的模樣和袖珍尺寸而受人喜愛。因為有這樣的體型，所以也很容易躲藏在石頭下等狹窄的縫隙間。

飼養 適合稍微乾燥的環境，不過還是要設置可以容納身體的水盤。

西里貝斯陸龜

學名●*Indotestudo forstenii*

分布…………●印尼（蘇拉威西島、哈馬赫拉島）
甲長…………●約30cm
飼養難易度…●稍難
食餌…………●配合飼料、野草類、蔬菜類、水果類等
適溫…………●26～30℃
飼養容器……●120cm以上

特徵 這是和黃頭象龜非常相似的品種，以前曾被認為和印度陸龜是同一種。

飼養 飼養環境和黃頭象龜一樣，喜歡高溫多濕，不過要注意避免悶熱。剛進口的個體不太容易馴餌，須注意。

黃頭象龜

學名●*Indotestudo elongata*

分布…………●印度東部～緬甸、中南半島
甲長…………●約35cm
飼養難易度…●普通
食餌…………●配合飼料、野草類、蔬菜類、水果類等
適溫…………●26～30℃
飼養容器……●150cm以上

特徵 這是棲息在熱帶雨林的烏龜，依棲息地而有各式各樣的顏色和花紋。

飼養 喜歡高溫多濕，不耐低溫和乾燥。飼養時要放入稍大一點的水盤，厚厚地鋪上保濕性佳的用土，以保持濕度。食餌可在蔬菜或野草類中混合富含蛋白質的配合飼料。性格暴躁，有時會攻擊其他烏龜，必須注意。

烏龜飼養用語指南

◆水陸缸
有水域的陸生缸，介於水生缸和陸生缸之間的飼養缸。
➡ P41・56

◆水生缸
這是在水族箱等不會漏水的容器中裝水後用來飼養生物的環境。主要是指熱帶魚的飼養環境或是水族館的用語。用來飼養烏龜時，則是用於水棲種的飼養形式。
➡ P42・60

◆白子
由於突變而產生的完全不帶色素的個體，全身為白色或奶油色。部分帶有色素的則稱為色彩變異。
➡ P38

◆溫度梯差
這是指在飼養容器內利用熱區等做出溫度變化，讓烏龜可以自己選擇喜歡的溫度。
➡ P70・94

◆溫浴
使用在完全陸棲種等，讓烏龜浸泡在溫水中，以促進排泄或是讓牠飲水。大多會對剛迎回家中的烏龜、幼龜、體弱的烏龜、從冬眠醒來的烏龜、便秘的烏龜等施行。
➡ P97

◆角質盾板
烏龜龜甲的外側部分。➡ P18

◆CH（Captive-hatched）
讓野生的抱卵個體產卵後孵化的個體。
➡ P31

◆CB（Captive-bred）
讓飼養下繁殖的個體進行交尾，產卵孵化而成的個體。➡ P31

◆側頸龜亞目
蛇頸龜等頸部向側邊彎曲後縮進龜甲的烏龜族群。➡ P16

▲頸部向側邊彎曲的紅頭扁龜。

◆骨板層
位於龜甲內側，由脊椎和肋骨癒合而成的部分。和上方的角質盾板共同形成龜甲。➡ P18

◆控溫器
自動控制溫度的裝置。有加溫用、冷卻用、加溫冷卻兩用。
➡ P49・51・53

◆CITES
瀕臨絕種的野生動植物種在國際貿易上的相關條約。華盛頓公約。
➡ P35

◆小屋
烏龜的隱藏處。市面上也有販售烏龜專用的。也可以利用裁切成半的花盆或木板等自行製作。
➡ P53

▲進入小屋的紅腿象龜。

◆色彩變異
由於突變而造成部分色素欠缺或是比正常還多的個體。完全沒有色素的個體稱為白子。
➡ P38

▲被稱為焦糖粉紅的紅耳龜色彩變異種。

◆ **草酸**

菠菜等所含的成分，容易和鈣結合。如果持續給予烏龜富含草酸的食餌，很容易造成缺鈣。

➡ P86

◆ **曲頸龜亞目**

金龜等頸部筆直縮進龜甲的烏龜族群。

➡ P16

▲金龜會筆直地將脖子縮進龜甲中。

◆ **陸生缸**

在玻璃等容器內重現接近自然的環境，用來飼養生物的形態。在烏龜的飼養上，沒有水域而僅有陸場的就稱為陸生缸。 ➡P42・64

◆ **特定外來生物被害防制法**

為了保護日本原存生物免於受外來種侵犯，保護人民的生命和身體，避免農林水產業遭到危害而制定的法律。

➡ P36

◆ **曝曬**

指藉由日光浴來溫暖烏龜在夜間等冰冷的身體。 ➡ P46

▲在使用曝曬燈的熱區溫暖身體的緬甸星龜。

◆ **孵卵器**

調節溫度和濕度，讓卵孵化的機器。

➡ P113

◆ **熱區**

利用燈光等做出一部分溫暖的場所。

➡ P46

◆ **冷卻風扇**

夏天時為了避免溫度過度上升，設置在水族箱等裝有水的飼養容器上方的小型風扇。風會吹向水面，藉由汽化熱來降低溫度。 ➡ P95

◆ **WC**（Wild-caught）

捕獲的野生烏龜。 ➡ P31

◆ **UVA**

波長範圍 400 ～ 315 ㎚的紫外線。

➡ P44

◆ **UVB**

波長範圍 315 ～ 280 ㎚的紫外線。

➡ P44

烏龜的英文名稱

烏龜在英文中，水棲烏龜稱為turtle或terrapin，陸棲烏龜則稱為tortoise。在英國，將海水種稱為turtle，淡水種稱為terrapin；而在美國則大多將海水種和淡水種稱為turtle，半淡鹹水種稱為terrapin。

六字部

七字部

八字部

作者

富沢直人

1960年生。日本大學農獸醫學系畢業。從大學時期就開始任職於水族相關公司，造訪過亞馬遜、非洲、東南亞等全世界的熱帶地區，進行爬蟲類、魚類、昆蟲類、植物的生態調查和飼養、栽培方法之研究。之後，任職於Pisces公司，積極地進行水族箱、陸生缸相關書籍的攝影、執筆。現任岡山理科大學專門學校研究科主任。

監修

霍野晋吉

1968年生於茨城縣。日本獸醫畜產大學畢業。Exotic Pet Clinic（異國寵物診所）院長。獸醫師。除了烏龜等爬蟲類之外，也專門診療異國動物。主要的監修書籍有：《カメの飼い方がよくわかる本》、《かわいいハムスターの飼い方》（以上由成美堂出版）、《カメに100%喜んでもらう飼い方遊ばせる方》（青春出版社）等。

協助

- GEX EXOTERRA（股）
- 神畑養魚
- KYORIN（股）
- KOTOBUKI
- SUDO（股）
- T.F.W international
- 日本動物藥品

日文原著工作人員

攝影—富沢直人

攝影協助—霍野晋吉
木村浩章
坂本晶子

插圖—池田須香子

本文設計—R-coco（清水良子）

編輯製作—GARDEN（小沢映子）

企劃．編輯—成美堂出版（駒見宗唯直）

定價350元

動物星球 1

烏龜的快樂飼養法（經典版）

作　　者 / 富沢直人
監　　修 / 霍野晋吉
譯　　者 / 彭春美
出 版 者 / 漢欣文化事業有限公司
地　　址 / 新北市板橋區板新路206號3樓
電　　話 / 02-8953-9611
傳　　真 / 02-8952-4084
郵撥帳號 / 05837599 漢欣文化事業有限公司
電子郵件 / hsbooks01@gmail.com
三版一刷 / 2024年3月

國家圖書館出版品預行編目資料

烏龜的快樂飼養法/富沢直人著；彭春美譯. -- 三版. --
新北市：漢欣文化事業有限公司, 2024.03
168面；21x17公分. -- (動物星球；1)
ISBN 978-957-686-896-2(平裝)

1.CST: 龜 2.CST: 寵物飼養

437.394　　112022514

協助拍攝的烏龜們

- 星谷家的烏龜們（Myanho ／ Kaoru ／龜吉等）
- 白畠 Tempranillo 等